高等学校专业教材

中国轻工业"十三五"规划教材

生物化学实验指导

（第二版）

饶　瑜　唐　洁　主　编
车振明　李明元　主　审

中国轻工业出版社

图书在版编目（CIP）数据

生物化学实验指导/饶瑜，唐洁主编 . — — 2 版 .
— —北京：中国轻工业出版社，2023.9
高等学校专业教材　中国轻工业"十三五"规划教材
ISBN 978 - 7 - 5184 - 3339 - 1

Ⅰ.①生…　Ⅱ.①饶…　②唐…　Ⅲ.①生物化学—化学
实验—高等学校—教材　Ⅳ.①Q5 - 33

中国版本图书馆 CIP 数据核字（2020）第 259101 号

责任编辑：马　妍
策划编辑：马　妍　　责任终审：张乃柬　　封面设计：锋尚设计
版式设计：砚祥志远　　责任校对：朱燕春　　责任监印：张　可

出版发行：中国轻工业出版社（北京东长安街 6 号，邮编：100740）
印　　刷：三河市万龙印装有限公司
经　　销：各地新华书店
版　　次：2023 年 9 月第 2 版第 2 次印刷
开　　本：787 × 1092　1/16　印张：10
字　　数：237 千字
书　　号：ISBN 978 - 7 - 5184 - 3339 - 1　定价：42.00 元
邮购电话：010 - 65241695
发行电话：010 - 85119835　传真：85113293
网　　址：http://www.chlip.com.cn
Email：club@ chlip.com.cn
如发现图书残缺请与我社邮购联系调换
231372J1C202ZBQ

本书编审人员

主　　编　饶　瑜　唐　洁

副 主 编　张　庆　曾朝懿

参编人员　（按姓氏笔画为序）

　　　　　　王　冕　刘　蕾　李玉锋

　　　　　　杨　潇　张大凤　赵金梅

　　　　　　曹　茜　蒙　英　赖　朋

主　　审　车振明　李明元

前言（第二版） Preface

生物化学一直是生命科学领域中最重要、最活跃、发展最迅速的分支学科之一，其对应的生物化学实验技术是生物科学研究和应用领域中一项非常核心的基本技术。掌握生物化学实验的基本原理和操作技术，熟悉分离、分析和鉴定生命体内基本物质组分的常用技能，学习物质代谢的研究方法，通过实验技术加深对生物化学理论知识的理解，增强对生命科学问题的分析、解决能力，对包括生物工程、食品科学与工程、制药工程、环境工程等专业在内的工程专业学生是必不可少的。

本书第一版在西华大学"生物化学（工科）"省级精品课程建设的基础上，邀请同行专家集体编写而成。自 2008 年出版以来，已 9 次印刷，印数达到了 1 万 4000 余册，受到广大读者特别是众多高校工科专业学生的青睐，同时也表明该实验教材的学术水平和质量得到了社会的广泛认可，也是对编者和出版社工作的肯定。然而，在多年的教学实践中已发现了该教材的一些明显错误、缺陷和不足，需要及时修正。同时，现代生物化学快速发展，出现一些新技术、新方法和新应用，第一版中部分实验内容需要更新。更重要的是，随着教育改革的深入，以"厚基础、宽口径、复合型"高素质人才作为本科教育的培养目标，以院（系）招生、按学科大类构建共同的学生基础知识和能力平台，基于通识教育的宽口径专业特色人才培养模式，已在全社会达成共识，并在许多高校试行，作为课堂教学载体和课程改革主要内容的教材也应进行相应的调整和修订。

鉴于此，在《生物化学实验》的基础上，本版教材在以下方面进行了修订。

第一，完善对生物化学实验基本操作技能的训练。吸收、借鉴国内外的最新研究发展成果，对生物化学基本实验技术进行了更为全面的补充。

第二，优化调整部分章节结构。在第二章"基础生物化学实验"中，由原来的"生命物质化学实验"和"生命物质代谢实验"两小节，改为了以各类"静态"生命大分子为小节，每节包括分析分离鉴定及"动态"代谢研究。小节内容更明确，与生物化学理论学习同步，加深对课堂知识的理解，进一步掌握生命大分子的特点和规律。

第三，注重学生发现问题、分析问题、解决问题的综合能力培养。基于多年教学实践和学生的互动反馈，在传统生物化学实验的基础上，第三章"综合性实验"的设计较第一版更为灵活，有利于学生自主设计，锻炼科学的实验思维和逻辑。

第四，进一步强化工程意识和工程能力培养。将相关生产工业的实际问题引入实验思考和课后提问中，引导和培养学生解决实际工程问题的能力，强化学生的工程意识。

本教材的编写人员均为生物化学、生物化学实验教学一线教职人员，编写分工如下：全书由西华大学饶瑜、唐洁主编。第一章由西华大学曹茜、杨潇编写；第二章由西华大学饶瑜、曾朝懿、张庆、赖朋编写，第三章由西华大学唐洁、刘蕾、张大凤编写，第四章由西华大学李玉锋、王冕编写，附录由西华大学赵金梅、蒙英编写。全书由饶瑜、唐洁统稿，西华大学车振明、李明元审稿。在编写过程中，积极吸纳同行及广大师生的合理意见和建议，努力建设适合工科学生的生物化学实验教材和教学形式，字斟句酌地对所有内容进行认真修改。但书中错误和不足之处在所难免，敬请广大读者批评指正。

编者

2021 年 4 月

| 目录 | Contents

第一章

概　论

第一节　生物化学实验室基本常识

一、实验室规则与安全

在生物化学实验中，经常要与有腐蚀性、易燃易爆性和毒性很强的化学药品及有潜在危害性的生物材料直接接触，经常要用到煤气、水、电，因此，安全操作是一个至关重要的问题。

（1）熟悉实验室煤气总阀、水阀门及电闸门所在处。离开实验室时，一定要将室内检查一遍，应将水、电、煤气的开关关好。

（2）熟悉如何处理着火事故。在可燃液体燃着时，应立刻转移着火区内的一切可燃物质。酒精及其他可溶于水的液体着火时，可用水灭火；乙醚、甲苯等有机溶剂着火时，应用石棉布或沙土扑灭。

（3）了解化学药品的警告标志（图1－1）。

有害的或刺激性的
（harmful/irritant）

易燃的
（highly fammable）

腐蚀性的
（corrosive）

易氧化的
（oxidising）

剧毒或有毒的
（very toxic and toxic）

图1－1　危险化学药品分类所用标志

（4）实验操作过程中凡遇到能产生烟雾、有毒性或腐蚀性气体时，应在通风橱中进行。

（5）使用毒性物质和致癌物质必须根据试剂瓶上标签说明严格操作，安全称量、转移和保管。操作时应戴手套，必要时戴口罩或防毒面罩，并在通风橱中进行。粘过毒性、致癌物的容器应单独清洗、处理。

（6）废液，特别是强酸和强碱不能直接倒在水槽中，应先稀释，然后倒入水槽，再用大量自来水冲洗水槽及下水道。

（7）生物材料如微生物、动物组织和血液都可能存在细菌和病毒感染的潜伏性危险，因此处理各种生物材料必须谨慎、小心，做完实验后必须用肥皂、洗涤剂或消毒液洗净双手。

（8）进行遗传重组的实验时应根据有关规定加强生物安全的防范措施。

二、实验室防护常识

（1）在生物化学实验中，如发生受伤事故，应立即适当采取急救措施：如不慎被玻璃割伤或其他机械损伤，应先检查伤口内有无玻璃或金属等碎片，然后用硼酸水洗净，再涂擦碘酒或红汞水，必要时用纱布包扎。若伤口较大或过深，应迅速在伤口上部和下部扎紧血管止血，送医院诊治。

（2）轻度烫伤时一般可涂上苦味酸软膏。如果伤处红痛（一级灼伤），可擦医用橄榄油；若皮肤起泡（二级灼伤），不要弄破水泡，防止感染；若烫伤皮肤呈棕色或黑色（三级灼伤），应用干燥无菌的消毒纱布轻轻包扎好，急送医院治疗。

（3）皮肤不慎被强酸、溴、氯气等物质灼伤时，应用大量自来水冲洗，然后再用5%的碳酸氢钠溶液洗涤。

（4）如酚触及皮肤引起灼伤，可用酒精洗涤。

（5）酸、碱等化学试剂溅入眼内，先用自来水或蒸馏水冲洗眼部，如溅入酸类物质则可再用5%碳酸氢钠溶液仔细冲洗；如溅入碱类物质，可以用2%硼酸溶液冲洗，然后滴入1~2滴油性护眼液起滋润保护作用。

（6）若水银温度计不慎破损，必须立即采取措施回收，防止汞蒸发。若不慎汞蒸气中毒，应立即送医院救治。

（7）煤气中毒时，应到室外呼吸新鲜空气，严重中毒者应立即到医院救治。

（8）生物化学实验室内电器设备较多，如有人不慎触电，首先应立即切断电源，在没有断开电源的情况下，千万不可徒手去拉触电者，应用木棍等绝缘物质使导电物和触电者分开，然后对触电者施行抢救。

第二节   生物化学实验基本操作

一、常用仪器的使用

（一）恒温箱

恒温箱是实验室常用加热设备之一，按用途不同可分为真空干燥箱、隔水式恒温箱、鼓风干燥箱和防爆干燥箱等。

恒温箱一般由箱体、发热体（镍铬电热丝）、测温仪或温度计、控温机构和信号系统等组成，特殊用途的恒温箱还有水箱、鼓风马达和防爆装置等。进气孔一般在箱体底部，排气孔在顶部。

使用方法：

（1）使用前做好内、外检查，箱内如有其他存物，应取出放好。打开风顶（排气孔），插好温度计。注意电源与铭牌上标称电压是否相符。箱壳要接好地线，以防漏电。

（2）通电后指示灯亮，如加热指示红灯不亮应将调温旋钮顺时针方向转动至红灯发亮。恒温箱如有鼓风马达，应将开关打开。

（3）当箱内温度即将达到所需的温度，红绿灯自动交替明灭时，表示箱内温度已处在恒温状态。由温度计读数看是否为所需温度，如有偏差可稍调节调温旋钮。

（4）当箱内温度稳定在所需要温度后放入待干燥或待培养样品。温度计指示最上层网架中心面积的近似温度，所以样品尽量放在这个部位，其他层次和部位实际温度要偏高一些。

（5）调温旋钮所指刻度并非箱内温度。每次恒温后可把恒温温度及旋钮所指刻度对应记录，以后使用时作为参考，可以节省时间。

（二）电热恒温水浴

电热恒温水浴（槽）用于恒温、加热、消毒及蒸发等。常用的有 2 孔、4 孔、6 孔和 8 孔。工作温度从室温至 100℃。

使用方法：

（1）关闭水浴底部外侧的放水阀门，向水浴中注入蒸馏水至适当的深度。加蒸馏水是为了防止水浴槽体（铝板或铜板）被侵蚀或积垢。

（2）将电源插头接在插座上，合上电闸。插座的粗孔必须安装接地线。

（3）将调温旋钮沿顺时针方向旋转至适当温度位置。

（4）打开电源开关，接通电源，红灯亮，表示电炉丝通电开始加热。

（5）在恒温过程中，当温度升到所需的温度时，沿逆时针方向旋转调温旋钮至红灯熄灭，绿灯亮为止。此后，红绿灯就不断熄、亮，表示恒温控制发生作用。

（6）调温旋钮度盘的数字并不表示恒温水浴内的温度。随时记录调温旋钮在度盘上的位置与恒温水浴内温度计指示的温度的关系，在多次使用的基础上，可以比较迅速地调节，得到需要控制的温度。

（7）使用完毕，关闭电源开关，拉下电闸，拔下插头。

（8）若较长时间不使用，应将调温旋钮退回零位，并打开放水阀门，放尽水浴槽内的全部存水。

注意事项：

（1）水浴内的水位绝对不能低于电热管，否则电热管将被烧坏。

（2）控制箱内部切勿受潮，以防漏电损坏。

（3）初次使用时，应加入与所需温度相近的水后再通电，并防止水箱内无水时接通电源。

（4）使用过程中应注意随时盖上水浴槽盖，防止水箱内水被蒸干。

（5）调温旋钮刻度盘的刻度并不表示水温，实际水温应以温度计读数为准。

（三）分光光度计

1.7200 型光栅分光光度计

7200 型光栅分光光度计能在近紫外、可见光谱区对样品做定性、定量分析。

使用方法：

（1）开机，预热 15min。

（2）按（MODE）键将测试方式设置至第一栏 T（透过率）状态。

（3）打开样品室盖，放入黑体，盖上样品室盖，按 0% 键，至显示 000.0 为止（注：仅每次开机时做一次）。

（4）打开样品室盖，将参比液比色皿放入第一个比色槽中，其余待测液比色皿放入其他几个槽中，盖上样品室盖。

（5）调整波长盘至所需要的波长。

（6）按（MODE）键将测试方式设置至所要测定的状态［第一栏为 T（透过率）状态］。

（7）按（100%）键，至显示 100.0（T 状态）或 0.000（A 状态）为止。

（8）将被测样品依次拉（或推）入光路，读数，记录。

（9）拿出比色皿，盖上样品室盖，关机，罩上防尘罩。

注意事项：

（1）仪器应放置在防震、防水、防潮、防化学腐蚀、防电磁干扰、稳压的地方。

（2）样品液以充满比色皿的三分之二体积为宜。

（3）每次使用后应检查样品室是否积存溢出溶液，经常擦拭样品室。

（4）仪器使用完毕应盖好防尘罩，可在样品室内放置硅胶袋防潮，但开机时要取出。

（5）如仪器长期不使用，应保证每周开机一次（2h 左右）。

2. WFJUV - 2000 型分光光度计

WFJUV - 2000 型分光光度计有透射比、吸光度、已知标准样品的浓度值或斜率测量样品浓度等测量方式，可根据需要选择合适的测量方式。该光度计还设有自检功能，自检后波长自动停在 546nm 处，测量方式自动设定在透射比方式，并自动调 "100% T"。

在开机前，须确认仪器样品室内是否有物品挡在光路上，光路上有阻挡物将影响仪器自检甚至造成仪器故障。

使用方法：

（1）连接仪器电源线，确保仪器供电电源有良好的接地性能。

（2）接通电源，至仪器自检完毕，显示器显示 "546nm 100.0" 即可进行测试。

（3）用〈MODE〉键设置测试方式：透射比（T），吸光度（A），已知标准样品浓度值方式（c）和已知准样品标斜率（F）方式。

（4）用波长设置键，设置所需的分析波长。如果没有进行上步操作，仪器将不会变换到想要的分析波长。根据分析规则，每当分析波长改变时，必须重新调整 "100% T"。2000 型和 UV - 2000 型光度计特别设计了防误操作功能：当波长被改变时，第一排显示器会显示 "BLA" 字样，提示下一步必须调 "100% T"，当设置完波长时，如没有调 "100% T"，仪器将不会继续工作。

（5）根据设置的分析波长，选择正确的光源。光源的切换位置在 335nm 处。正常情况下，仪器开机后，钨灯和氘灯同时点亮。为延长光源灯的使用寿命，仪器特别设置了光源灯光控功能，当分析波长在 335 ~ 1000nm 时，应选用钨灯。

（6）将参比样品溶液和被测样品溶液分别倒入比色皿中，打开样品室盖，将盛有溶液的比色皿分别插入比色皿槽中，盖上样品室盖。一般情况下，参比样品放在第一个槽位中。仪器所附的比色皿，其透射比是经过配对测试的，未经配对处理的比色皿将影响样品的测试精度。比色皿透光部分表面不能有指印、溶液痕迹，被测溶液中不能有气泡、悬浮物，否则也将影响样品测试的精度。

（7）将参比样品推（拉）入光路中，按〈100％T〉键调"100％T"，此时显示器显示的"BLA"，直至显示"100.0"为止。

（8）当仪器显示器显示出"100.0"后，将被测样品推（拉）入光路，这时便可从显示器上得到被测样品的透射比或吸光度值。

（四）离心机

在实验过程中，欲使沉淀与母液分开，有过滤和离心两种方法。在下述情况下，使用离心方法较为合适。

（1）沉淀有黏性。

（2）沉淀颗粒小，容易透过滤纸。

（3）沉淀量多而疏散。

（4）沉淀量少，需要定量测定。

（5）母液量很少，分离时应减少损失。

（6）沉淀和母液必须迅速分离开。

（7）母液黏稠。

（8）一般胶体溶液。

离心机是利用离心力对混合物溶液进行分离和沉淀的一种专用仪器。电动离心机通常分为低速、中速、高速、超速离心机等类型。

使用方法（以台式低速离心机为例）：

（1）使用前应先检查变速旋钮是否在"0"处。

（2）离心时先将待离心的物质转移到大小合适的离心管内，盛量占管体积的2/3，以免溢出。将此离心管放入外套管内。

（3）将一对外套管（连同离心管）放在台秤上平衡，如不平衡，可用小吸管调整离心管内容物的量或向离心管与外套间加入平衡用水。每次离心操作，都必须严格遵守平衡要求，否则将会损坏离心机部件，甚至造成严重事故，应十分警惕。

（4）将以上两个平衡好的套管，按对称位置放到离心机中，盖严离心机盖，并把不用的离心套管取出。

（5）开动时，先开电门，然后慢慢拨动变速旋钮，使速度逐渐加快。停止时，先将旋钮拨到"0"，不继续使用时，拔下插头。待离心机自动停止后，才能打开离心机盖并取出样品，绝对不能用手阻止离心机转动。

（6）用完后，将套管中的橡皮垫洗净，保管好。冲洗外套管，倒立放置使其干燥。

注意事项：

（1）离心过程中，若听到特殊响声，表明离心管可能破碎，应立即停止离心。如果管已破碎，将玻璃碴冲洗干净（玻璃碴不能倒入下水道），然后换管按上述操作重新离心，若管未破碎，也需要重新平衡后再离心。

（2）有机溶剂和酚等会腐蚀金属套管，若有渗漏现象，必须及时擦干净漏出的溶液，并更换套管。

（3）避免连续使用时间过长。一般大离心机用 40min 休息 20min 或休息 30min，台式小离心机使用 40min 休息 10min。

（4）电源电压与离心机所需的电压一致，接地后才能通电使用。

（5）应不定期检查离心机内电动机的电刷与整流子磨损情况，严重时更换电刷或轴承。

（五）电子分析天平

电子分析天平结构紧凑，性能优良，感量 1mg 或 0.1mg，自动计量，数字显示，操作简便。清除键可方便消去皮重，适于累计连续称量。

使用方法：

（1）使用天平前，首先清洁称量盘，检查、调整天平的水平。

（2）接通电源。当天平出现〈OFF〉时，自检结束。

（3）单击〈ON〉键，天平显示自检。当天平回零时，显示屏上出现"0.000"或"0.0000"。如果空载时有读数，按一下清除键〈O/T〉回零。

（4）推开天平右侧门，将干燥的称量瓶或小烧杯轻轻放在称量盘中心，关上天平门，待显示平衡后按清除键扣除皮重并显示零点。然后推开天平门往容器中缓缓加入待称量物并观察显示屏，显示平衡后即可记录所称取试样的净重。

（5）称量完毕，取下被称物。

（6）如果称量后较长时间内不再使用天平，应拔下电源插头，盖好防尘罩。

注意事项：

（1）被称量物的温度应与室温相同，不得称量过热或有挥发性的试剂，尽量消除引起天平示值变动的因素，如空气流动、温度波动、容器潮湿、振动及操作过猛等。

（2）开、关天平的停动手钮，开、关侧门，放、取被称物等操作，其动作都要轻、缓，不可用力过猛。

（3）调零点和读数时必须关闭两个侧门，并完全开启天平。

（4）使用中和发现天平异常，应及时报告指导老师或实验工作人员，不得自行拆卸修理。

（5）称量完毕，应随手关闭天平，并做好天平内外的清洁工作。

（六）酸度计 （Delta 320 - S pH 计）

酸度计是测量 pH 的较精密仪器，也可用来测电动势。

使用方法：

（1）温度的输入　每次测定溶液的 pH 前先查看温度，如果温度设定值与样品温度不同的话，务必输入新的溶液的温度值。

（2）温度的读数和输入　按一下〈模式〉进入温度方式，显示屏即有"℃"图样显示，同时显示屏将显示最近一次输入的温度值，小数点闪烁。如果要输入新的温度值，则按一下〈校正〉，此时首先是温度值的十位数从"0"开始闪烁，每隔一段时间加"1"。当十位数到达所要的数值时，按一下〈读数〉，这时十位数固定不变，个位数开始闪烁，并且累加。当个位数到达所要的数值时，按一下〈读数〉，十位数和个位数均保持不变，小数点后十分位开始在"0"和"5"之间变化。当到达需要数值时按〈读数〉，温度值将固定，且小数点停止闪烁，此时温度值已被读入 pH 计。完成温度输入后，按〈模式〉回到 pH 或 mV 模式。

注意：在温度输入后，但未退出温度方式前想改变温度设定值，只需按一下〈读数〉使小数点闪烁，然后按〈校正〉，照上述步骤重新输入温度值。在温度输入过程中，若想重新输入温度，按〈校正〉，然后按上述步骤重新输入温度值。

（3）测定 pH　在样品测定前进行常规校准，并检查当前温度值，确定是否要输入新的温度值。

按以下方法测定 pH：

①将电极放入样品中并按〈读数〉，启动测定过程，小数点会闪烁。

②显示屏同时显示数字式及模拟式尺度或 pH。模拟尺度从 1～7 或 7～14。超出或不足显示范围的数值由箭头表示。

③将显示静止在终点数值上，按〈读数〉，小数点停闪。

④启动一个新的测定过程，再按〈读数〉。

（4）设置校准溶液组　要获得最精确的 pH，必须周期性地校准电极。有 3 组校准缓冲液供选择（每组有 3 种不同 pH 的校准液）：

组 1（b=1）pH4.00　　7.00　　　10.00
组 2（b=2）pH4.01　　7.00　　　9.21
组 3（b=3）pH4.01　　6.86　　　9.18

按下列步骤选择缓冲液：

①按〈开/关〉关闭显示器。

②按〈模式〉并保持，再按〈开/关〉。松开〈模式〉，显示屏显示 b=3（或当前的设定值）。

③按〈校正〉显示 b=1 或 b=2。

④按〈读数〉选择合适的组别，即使遇上断电 320-S pH 计也仍保留此设置。

注意事项：

（1）所选择组别必须与所使用的缓冲液相一致。

（2）当进入设置校准溶液组菜单后，以前的电极校正数据及所选择的校正溶液组已改为出厂设置，因此在进行样品测量前，须重新进行校准溶液组的设置及电极校正。

（3）校准 pH 电极。首先测出缓冲液的温度，并进入温度方式输入当前缓冲液的温度。

一点校准：将电极放入第一个缓冲液并按〈校正〉；320-S pH 计在校准时自动判定终点，当到达终点时相应的缓冲液指示器显示，要人工定义终点，按〈读数〉；要回到样品测定方式，按〈读数〉。

两点校准：继续第二点校准操作，按〈校正〉；将电极放入第二种缓冲液并按上述步骤操作，当显示静止后电极斜率值简要显示；要回到样品测定方式，按〈读数〉。

（七）计量仪器

1. 液体的量取和分配

计量仪器的选择应根据量取液体的体积大小而定，同时要考虑量取的准确度（表 1-1）。

表1-1   计量仪器的选择标准

计量仪器	最佳量程	准确度
滴管	$30\mu L \sim 20mL$	低
量筒	$5 \sim 2000mL$	中等
容量瓶	$5 \sim 2000mL$	高
滴定管	$1 \sim 25mL$	高
移液管/移液枪	$1\mu L \sim 10mL$	高
微量注射器	$0.5 \sim 50\mu L$	高
天平	任何量度（取决于天平的准确度）	极高
锥形瓶/烧杯	—	极低

（1）滴管　正确使用滴管保持滴管垂直，以中指和无名指夹住管柱，拇指和食指轻轻挤压胶头使液体逐滴滴下。

使用滴管吸取有毒溶液时要小心，松开胶头之前一定要将管尖移离溶液，吸入的空气可防止液体溢散。为了避免交叉污染，不要将溶液吸入胶头或将滴管横放，使用一次性塑料滴管安全性好，可避免污染。

（2）量筒　在准确度要求不高的情况下，用来量取相对大量的液体。把量筒放置在水平台面上，保持刻度水平。先将溶液加到所需的刻度以下，再用滴管慢慢滴加，直至液体的弯月面与刻度相平。读数前要静止一定时间，让溶液从器壁上完全流下。

（3）容量瓶　容量瓶是在一定温度下（通常为20℃）含有准确体积的容器。所称量的任何固体物质必须在小烧杯中溶解或加热溶解，冷却至室温后才能转移至容量瓶中。容量瓶绝不能加热和烘干。

（4）滴定管　在生物化学实验中常用来量取不固定量的溶液或用于容量分析。把滴定管垂直固定在铁架台上，不要夹得过紧。首先关闭活塞，用漏斗向管腔中加入溶液。打开活塞，让溶液充满活塞下方的空间后关闭活塞，读取液体弯月面的刻度，记在记录本上。打开活塞，收集适量溶液，然后读取溶液弯月面的刻度，两次读数之差即为分配的溶液体积。滴定时通常使用磁力搅拌器充分混合溶液。

（5）移液管　移液管有多种式样，包括有分度的和无分度的。使用前要看清移液管的刻度，有些移液管卸出液体时从整刻度到零，有些则是从零到整刻度。有的刻度终止于管尖的肩部，有的则需将管尖的液体吹出或靠重力移出。

注意：为了安全，严禁用嘴吹吸移液管，可使用其他工具如洗耳球。

（6）移液枪　移液枪是生化与分子生物学实验室常用的小件精密设备。能否正确使用移液枪，直接关系到实验的准确性与重复性，同时关系到移液枪的使用寿命。下面以连续可调的移液枪为例，说明移液枪的使用方法。

移液枪由连续可调的机械装置和可替换的吸头组成，不同型号的移液枪吸头有所不同，实验室常用的移液枪根据最大吸用量有 $2\mu L$、$10\mu L$、$20\mu L$、$200\mu L$ 和 $1mL$ 等规格。

移液枪的正确使用包括以下几个方面。

①根据实验精度选用正确量程的移液枪：一定不要试图移取超过最大量程的液体，否则

会损坏移液枪;

②移液枪的吸量体积调节:移液枪调整时,切勿超过最大或最小量程;

③吸量:将一次性枪头套在移液枪的吸杆上,有必要时可用手辅助套紧,但要防止由此可能带来的污染。然后将吸量按钮按至第一挡(first stop),将吸嘴垂直插入待取液体中,深度以刚浸没吸头尖端为宜,然后慢慢释放吸量按钮以吸取液体。释放所吸液体时,先将枪头垂直接触在受液容器壁上,慢慢按压吸量按钮至第一挡,停留 1~2s 后,按至第二挡(second stop)以排出所有液体;

④吸头的更换:性能优良的移液枪具有卸载吸头的机械装置,轻轻按卸载按钮,吸头就会自动脱落。

注意事项:

①连续可调移液枪的取用体积调节要轻缓,严禁超过最大或最小量程;

②在移液枪吸头中含有液体时禁止将移液枪水平放置,平时不用时置移液枪于架上;

③吸取液体时,动作应轻缓,防止液体随气流进入移液枪的上部;

④在吸取不同的液体时,要更换吸头;

⑤移液枪要进行定期校准,一般由专业人员来进行。

(7)微量注射器 使用微量注射器时应把针头插入溶液,缓慢拉动活塞至所需刻度处。检查注射器有无吸入气泡。排出液体时要缓慢,最后将针尖靠在器壁上,移去末端黏附的液体。微量注射器在使用前和使用后应在醇溶剂中反复推拉活塞,进行清洗。

(8)天平 用于准确称量液体,然后将质量换算为体积:

$$\frac{质量}{密度} = 体积$$

常用溶剂的密度可查阅相关资料。由于密度随温度变化,要注意液体相应的温度。

2. 液体的盛放和储存

(1)试管 试管常用于颜色试验、小量反应、装培养基等。试管可经加热灭菌,用试管帽或棉塞密封。

(2)烧杯 烧杯常作一般用途,如加热溶液、滴定等。烧杯壁上常有体积刻度,但不准确,只能用于粗略估计。

(3)锥形瓶 用于储存溶液,其底部较宽,稳定性好、瓶口较小、减少蒸发、易于密封。有的锥形瓶侧壁上也有体积刻度,但不准确。

(4)试剂瓶 具有螺口盖或圆形玻璃塞,可防止溶液蒸发和污染。

所有储存液都要清楚标记,包括相应的危险性信息(最好用橙色危险警告标签标记)。容器的密封方法要合适,如用塞子或封口胶(如 parafilm)密封。为了防止试剂降解,溶液应存放在冰箱中,但使用前要恢复到室温。含有有机成分的溶液容易滋生微生物(除非溶液有毒或已灭菌),因此,用放置很久的溶液试剂做出的实验结果不可靠。

二、生物化学实验分离、纯化、分析技术概述

(一)沉淀分离技术

沉淀是指在溶液中加入沉淀剂使溶质的溶解度降低,形成固相从溶液中析出,从而达到分离的一种技术。沉淀分离方法简便,实验条件易于满足,被广泛应用于化学工业、食品工

业及生化领域中。工业上应用沉淀技术分离生化产物最典型的例子是蛋白质的分离提取。生化实验中常用的沉淀分离方法有以下几类。

1. 无机盐沉淀法

无机沉淀剂沉淀分离法通常以无机盐类作为沉淀剂，包括金属盐类沉淀分离法和盐析法。常用的沉淀剂有硫酸铵、碳酸铵、硫酸钠、柠檬酸钠、磷酸氢钠等。

金属盐类沉淀分离法是利用金属离子与酸根在形成盐类后溶解度降低而沉淀分离，如在柠檬酸发酵液中加入碳酸钙，形成柠檬酸钙沉淀，与发酵液的其他杂质分离。

盐析法又称中性盐沉淀法，在蛋白质和酶等生物大分子的溶液中加入一定质量浓度的中性盐溶液，达到一定的饱和度，使目的蛋白质析出。其原理是高浓度盐离子的存在降低了水份活度，中和了蛋白质表面的电荷，破坏了包围蛋白质分子的水膜，导致蛋白质溶解度降低而析出。最常用的中性盐为硫酸铵，其价格低廉、溶解度大、不易引起蛋白质变性。在一定pH和温度条件下改变硫酸铵浓度，可将不同结构的蛋白质盐析出，从而实现不同蛋白质之间的初步分离纯化。盐析出来的蛋白质，需通过脱盐以除去硫酸铵等盐类物质。最常用的脱盐方法是透析。

2. 有机溶剂沉淀法

有机溶剂沉淀法以有机溶剂作为沉淀剂，其基本原理是有机溶剂降低了溶液的介电常数，增强了溶质分子间的静电作用，导致溶质分子间发生聚合而析出；另外，有机溶剂本身必须溶解在水中，减少了溶质与水的作用，使溶质脱水而互相聚集沉淀。常用的沉淀剂有乙醇、丙酮、甲醇、异丙酮等，常用于低盐浓度下沉淀蛋白质等化合物。

3. 等电点沉淀法

等电点沉淀法主要利用两性电解质分子在等电点时溶解度最低而沉淀析出的原理，不同的电解质等电点也不同。此法适用于氨基酸、蛋白质及其他两性电解质组分的沉淀分离。通过调节溶液的 pH 即可控制不同的等电点，从而分离出不同的电解质。常用的试剂有盐酸、硫酸等。

4. 聚合物沉淀法

聚合物沉淀法采用非离子多聚体作为沉淀剂分离生物大分子。典型的非离子聚合物有聚乙二醇（PEG）、聚乙烯吡咯烷酮（PVP）、葡聚糖等，最常用的是 PEG。聚乙二醇的沉淀机理是基于体积的不互溶性，即 PEG 分子从溶剂空间中排斥蛋白质，优先发生水合作用，使蛋白质浓度增加，分子间的相互作用增强互相聚集而沉淀。

5. 共沉淀法

共沉淀是指一种难溶化合物从溶液中析出时，受表面吸附的影响，溶液中某种可溶性杂质被沉淀下来而混杂于沉淀中的现象。共沉淀分离法又称生物盐复合物沉淀法，是利用沉淀对其他待分离组分吸附共沉淀达到除杂的目的。共沉淀剂种类很多，可分为无机共沉淀剂和有机共沉淀剂两大类。无机共沉淀剂用得较多的是具有吸附作用的氢氧化物、硫化物，如 $Fe(OH)_3$，PbS，CuS，CdS，SnS_2，$Al(OH)_3$，$Mn(OH)_2$ 等；有机共沉淀剂可分为形成缔合物或螯合物的共沉淀剂和惰性共沉淀剂两类，前者有甲基紫、结晶紫、甲基橙、次甲基蓝等；后者的典型代表有酚酞、β–萘酚、间硝基苯甲酸等。

6. 变性沉淀法

变性沉淀法又称选择性变性沉淀法，包括热变性沉淀法、酸碱变性沉淀法、利用酶作用进行变性沉淀分离等，该法是利用生物大分子对外部理化条件敏感性的差异，选择性地使一种组分发生变性导致性质的改变（溶解度下降），从而达到分离、除杂、提纯的目的。

（二）离心技术

离心是指将悬浮于溶剂中的样品装入离心管中，施加一定的离心力，样品中的各溶质颗粒由于大小、形状和密度的差异而彼此分离。它分为制备性离心和分析性离心两类。生化实验中的制备性离心主要用于后续研究制备特定的细胞内容物样品，而分析性离心主要用于检测生物大分子的纯度，以及分析它们的化学性质和生物学特性。基础生化实验主要使用制备性离心技术。

1. 沉降速度法

沉降速度法又称速度区带离心法。在待沉降分离的样品中，各种分子密度相近而大小不等时，它们在密度梯度的介质中离心，将按自身大小所决定的沉降速度下沉。所谓沉降速度是指单位时间内样品分子在管中下降的距离，大小相同的分子以相同的沉降速度下沉，形成清楚的沉淀界面。当离心样品中含有几种大小不同的颗粒时，就会出现几个沉降界面，用特殊的光学系统可以观测这些沉降界面的沉降速度。

单位离心场中的沉降速度称为沉降系数，单位用 s 表示。沉降系数常用来表示生物大分子及生物超分子复合物的大小。核酸、核糖体、病毒等的沉降系数通常在 $1 \times 10^{-13} \sim 200 \times 10^{-13}$ s。为方便使用，将 10^{-13} s 作为一个单位，用 S 表示，以纪念对超速离心技术做出重大贡献的科学家 T. Svedberg。因此，10^{-13} s 称为斯维得贝格（Svedberg）单位。例如 tRNA 分子的大小约为 4S，即沉降系数约为 4×10^{-13} s。

2. 沉降平衡法

沉降平衡法又称等密度梯度离心法，其中常用的 CsCl 密度梯度平衡离心法主要用于分子大小相同而密度不同的核酸的分离、纯化和研究。各待分离的核酸成分在离心过程中分别漂浮于与自身密度相等的某一 CsCl 溶液密度层中，此密度层称为该组分的浮力密度。例如用此法很容易将不同构象的质粒 DNA、RNA 及蛋白质分开：蛋白质漂浮在最上面，RNA 沉于管底，超螺旋质粒 DNA 沉降较快，开环或线形 DNA 沉降较慢，如图 1-2 所示。收集各区带的 DNA，经抽提、沉淀，可得到纯度较高的 DNA。

（三）层析技术

层析技术利用混合物中各组分物理化学性质（如吸附力、分子形状与大小、分子极性、

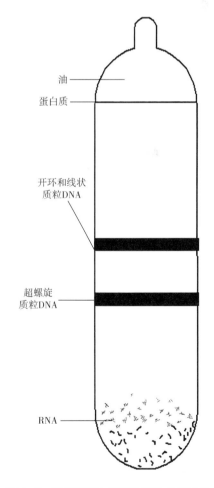

油
蛋白质

开环和线状
质粒DNA

超螺旋
质粒DNA

RNA

图 1-2 经超速离心后质粒 DNA 在管中的分布

分子亲和力、分配系数等）的差别，使各组分不同程度地分布在两相中。其中一个相被固定在一定的支持介质上，称为固定相；另一个是流动相。当流动相通过固定相时，各组分便以不同的速度移动，从而达到分离的目的。这种技术的分辨率很高，可以实现组成、结构和性质很相似的物质之间的分离。

生化实验中常用的层析技术有纸层析、吸附层析、离子交换层析和分子排阻层析等。前一种层析在纸上进行；后三种层析有两种方式：直接将固定相均匀地铺在玻璃板上的称为薄层层析，直接将固定相装入层析柱中的称为柱层析。纸层析、薄层层析和柱层析的操作步骤相似，包括以下三个基本步骤：① 加样于选定的固定相上；② 展开（纸层析和薄层层析步骤相似，包括纸层析和薄层层析中称为展层，在柱层析中称为洗脱）；③ 结果的检出和鉴定。

1. 纸层析的基本原理

纸层析常用于一些生物小分子类物质的分离和纯化。它以滤纸上的纤维及其结合水为固定相，以有机溶剂为流动相。当流动相流经滤纸上的样品原点时，样品中各溶质组分在两相中进行分配，一部分溶质离开原点随流动相移动，进入固定相的无溶质区，这种分配不断进行，直到层析结束。由于各溶剂组分和分配系数（分配系数是指溶质在两相中的浓度之比）不同，其迁移率 R_f（R_f 为原点到该溶质层析点中心距离与原点到流动相前沿距离的迁移率之间的比值）也不同，从而使每种溶质得到分离和纯化。

植物色素的纸层析结果可用肉眼观察，其他生物小分子类物质的层析结果可以用特定的试剂显色鉴定。

2. 薄层层析与柱层析的基本原理

薄层层析也是一种主要用于分离和分析生物小分子类物质的方法。该技术将固体支持物均匀地涂于玻璃板上而成为一薄层固定相，以后的步骤与纸层析的操作相似：把样品点到薄层固定相上，用适当的流动相展开，使样品中的混合溶质分离，最后显色鉴定。由于所需样品量微，层析速度快，可使用的支持物（固定相）和显色剂种类多等优点，薄层层析比纸层析的分辨率要高 10~100 倍。

生化实验中薄层层析固定相常用的有硅胶、聚酰胺、DEAE – 纤维素和葡聚糖凝胶等。硅胶和聚酰胺主要表现出对各种溶质有不同的亲和力，从而实现样品中各种溶质之间的分离纯化，这两种层析可普遍适用于多种小分子的分离；DEAE – 纤维素则对偏离等电点的核苷酸和氨基酸等带电分子表现出不同的离子交换能力；葡聚糖凝胶则可以滤过大小不同的溶质分子。由于这些差别，用特定的流动相展层，流动相通过原点时，便把各种溶质带到不同的固定相位置上。

在分离纯化各种生物大分子时，以上述三类物质为代表的固定相通常装入层析柱中，成为吸附柱层析、离子交换柱层析和凝胶过滤柱层析。其基本原理与相应的薄层层析相同，只是流动相的流动不是主要靠毛细管，而是主要靠重力或压力由上而下流动。样品中不同的溶质按不同的速度通过层析柱而流出，流出液用部分收集器收集，各种溶质组分被收集在不同的收集管中，用于分析检测。

随着科学技术的发展，作为固定相的各种支持物及其化学衍生物的种类越来越多，对溶质的分辨能力和分辨速度将越来越高。如以纤维素为骨架的离子交换剂不仅已有 DEAE – 纤维素，而且还有羧甲基纤维素（CM – 纤维素）和磷酸纤维素（P – 纤维素）等。这些物质都可以作为薄层层析和柱层析的固定相，因此薄层层析和柱层析的亚种类是很多的，可以分别适用于不同物质的高效分离纯化。各种层析已成为专门技术在向前发展。

另外，亲和层析也是一种柱层析，它是根据蛋白质与其相应的配基进行特异性非共价结合而设计的，故其纯化效率很高，可直接从粗提物中将目的蛋白纯化。例如，某些酶蛋白（A）的活性中心或变构中心能和专一性的配基（B）（这些配基可以是底物、抑制剂、辅酶或变构因子）在一定条件下特异性结合，在另一条件下又能解离。可以将配基（B）共价连接到惰性固定相（R）（如琼脂糖凝胶）上，形成不溶性的带有配基的固定相 R－B，将其装入层析柱，当含目的蛋白的粗提液流经层析柱时，即形成 R－B－A，最后改变洗脱液条件，使 A 从柱中流出，从而达到分离纯化酶和蛋白质的目的。

气相色谱分析和高压液相色谱分析也属于层析技术，它们在高级生化实验中是很重要的分析技术。

（四）电泳技术

电泳技术是进一步分离纯化核酸和蛋白质等溶质的基本方法。当外界缓冲液的 pH 偏离溶质的等电点时，点样到惰性支持物上的样品中的溶质组分在电场中便会向其带电方向相反的电极移动，在一定的外界条件（主要指电场强度、缓冲液 pH 和离子强度）下，不同溶质分子由于所带电荷性质、数量以及分子大小、形状不同，在电场中的泳动方向和速度不同而被分离。

1. 纸电泳

纸电泳的电泳室可根据不同目的自制，其要求是：能控制溶液流动，防止滤纸中的液体由于通电发热而蒸发等。通常有 3 种类型：①水平式，如图 1－3 所示，将滤纸条水平地架在两个装有缓冲液的容器之间，样品点于滤纸条中央，用缓冲液润湿纸条后盖上密封罩，即可在直流电压 100～1000V 下进行电泳。当外加电压超过 500V 时通常在滤纸条下面放一盛有冰块容器，用以散热。②悬架式，如图 1－4 所示，将滤纸架呈"V"字形倒放，样品点于"A"字形纸条的尖端，其他操作同水平式。③二元式，又称连续式，如图 1－5 所示，将滤纸剪成长方形，一端浸入盛有缓冲液的槽中，另一端剪成约 45°的许多小三角。将铂丝电极紧贴在滤纸上，滤纸上端的中央放一装样品的容器，通电后样品中各物质一方面受电场作用向电极方向移动，另一方面在缓冲液推动下垂直向下移动，两种因素共同作用（故称二元式）使各种物质在滤纸上呈辐射状，各自沿着其理化性质决定的特定方向顺小三角流入分步收集的试管中。此装置可用于物质的分离和制备。

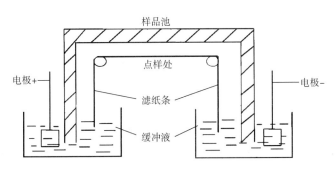

图 1－3　水平式电泳示意图

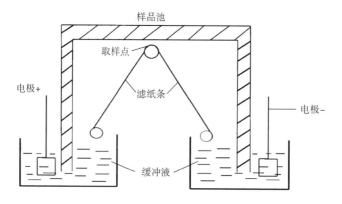

图 1-4　悬架式电泳示意图

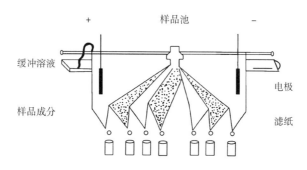

图 1-5　二元式（连续式）电泳示意图

2. 聚丙烯酰胺凝胶电泳

聚丙烯酰胺凝胶（polyacrylamide gel）是丙烯酰胺单体（acrylamide，Acry）和交联剂甲叉双丙烯酰胺（bisacrylamide，Bis）经 N，N，N′，N′- 四甲基乙二胺（TEMED）催化过硫酸铵（APS）还原产生的自由基的存在下，引发聚合反应而成的、具有分子筛性质的固型网络结构，既可制成柱状凝胶用于圆盘电泳中，又可制成板状凝胶用于垂直板电泳中。凝胶孔径的大小可随 Acry 或 Bis 的浓度大小而变化，故可用于多种不同大小的带电分子的分离。

聚丙烯酰胺凝胶电泳（polyacrylamide gel electrophoresis，PAGE）通常由两种孔径的凝胶组成，位于上面的大孔径胶称为浓缩胶，它主要对样品起浓缩作用，在缓冲液离子强度的不连续性和 pH 不连续性的作用下，使样品中的溶质在位于其下的分离胶接触面上积压成薄层（浓缩效应），这层样品薄层便是在分离胶中进行电泳的起始区带。下面的小孔径胶称为分离胶，它的主要作用是对起始区带中的各溶质组分进行电泳和分子筛分离（分子筛效应）。浓缩效应、分子筛效应以及电泳系统中固有的电荷效应，这三种物理效应共同作用，将样品中的各种带电溶质快速、高效分离。

除了受到上述三种物理效应的作用外，溶质本身的物理性质也决定着其自身的电泳方向和速度。在中性 pH 缓冲液中，核酸分子都带负电荷，电泳时都向正极泳动。而各种蛋白质组分在电性、电荷数和分子大小、形状上差别较大，这些因素都和电泳速度有关，因此，常在电泳系统中加入十二烷基硫酸钠（sodium dodecyl sulfate，SDS），这种电泳称为

SDS - PAGE。SDS 这种阴离子去污剂能破坏蛋白质分子之间以及与其他物质分子之间的非共价键，使蛋白质变性而改变原有的空间构象，当 SDS 与蛋白质充分结合后，使蛋白质变成带负电荷的 SDS - 蛋白质复合物。这些复合物所带的负电荷之大，足以使各种蛋白质本身的电荷忽略不计，故 SDS 消除了蛋白质电荷差异对电泳速度的影响；而且这些复合物呈棒状，棒的短轴与蛋白质种类无关，长轴与蛋白质相对分子质量成正比，故 SDS 又消除了蛋白质形状差异对电泳速度的影响。在一定外界条件下，只有蛋白质（或寡聚蛋白质的亚基）的相对分子质量大小决定着 SDS - PAGE 的电泳速度。

常见的电泳形式有圆盘电泳和垂直板电泳。前者用柱状凝胶，后者用板状凝胶，原理相同；前者常用于分离纯化，后者则用于生化分析。

3. 琼脂糖凝胶电泳

将一定量的琼脂糖置于三角瓶中，加入适量的缓冲液，在沸水浴或微波炉内加热熔化，摇匀，即制成一定浓度的胶液。降低温度，趁胶液凝固时，可根据需要制成柱状凝胶或板状凝胶。在胶凝范围内，琼脂糖凝胶的孔径范围比聚丙烯酰胺大，且制胶更简便，故琼脂糖更适合于较大的 DNA 片段的分离纯化。

DNA 的等电点较低，在中性或偏碱性的 pH 缓冲液中带负电，在电场中移向阳极。在未加入变性剂（如尿素）的琼脂糖凝胶体系中，DNA 片段的泳动速度，除受到电荷效应的影响外，由于凝胶介质对其还有分子筛效应，还与 DNA 片段的大小和构象有关，故使用该体系可分离纯化到具相近相对分子质量的不同构象的 DNA 分子，或分离纯化到具相同构象的不同相对分子质量的 DNA 分子。溴化乙锭（EB）可插入到双螺旋的两个碱基对之间，形成发橙黄色荧光的络合物，从而检出 DNA 电泳分离带。

在变性琼脂糖凝胶体系中，变性条件使 DNA 变性为单链，DNA 片段的泳动速度只与其大小有关，而与其碱基顺序无关。故在变性凝胶体系中可分离纯化到不同长度的 DNA 单链片段。

第三节　生物化学实验的基本要求

一、实验的准确性

生物化学实验是以活的生命体为对象，对生物体内存在的主要大分子物质，如糖、脂肪、蛋白质、核酸、酶等进行定性或定量的分析测定。定性分析是确定存在物质的种类，或粗略计算物质所占的比例；而定量分析则需要确定物质的精确含量。因此分析工作者要根据实验要求对实验结果进行分析和总结，要善于分析和判断结果的准确性，认真查找可能出现误差的原因，并进一步研究减少误差的办法，以不断提高所得结果的准确度。

一般在实验测量过程中都会有误差产生，但在了解这些误差的可能来源的前提下，多数的误差是可以通过适当的处理来校正的。产生误差的原因很多，一般根据误差的性质和来源可把误差分为两类，即系统误差和偶然误差。

（一）　系统误差

系统误差是指在测量过程中某些经常发生的原因所造成的误差。它对分析结果的影响比较稳定，常在重复实验时重复出现，使测定结果系统偏高或偏低。

1. 系统误差的来源

（1）方法误差　如用滤纸称量易潮解的药品；做生物实验特别是酶的实验时没有考虑温度的影响等。

（2）仪器误差　如量取液体时，按烧杯的指示线量取液体往往准确度较低，需要用量筒量取；在配制标准溶液时量筒同样不够精确，要选用等体积的容量瓶定容至刻度线；不同的天平其精度差别很大，如果需要称量100g以上的物体，使用托盘天平即可，但如称量1g的样品，选用扭力天平比较方便，称量10mg以下的样品则必须使用感量为1/10000g的分析天平或电子天平。

（3）试剂误差　如试剂不纯或蒸馏水不合格，引入微量元素或对测定有干扰的杂质，就会造成一定的误差。

（4）操作误差　如在使用移液管量取液体时，由于每个人的操作手法不同，可能会存在一定的操作误差。特别是在读数据时，目光是否平视，视线与液体弯月面是否相切，都可成为生化实验中造成较大误差的主要原因。

2. 系统误差的校正

（1）仪器校正　在实验前对使用的砝码、容量皿或其他仪器进行校正，对pH计等测量仪器进行标定，以减少误差。

（2）空白试验　在任何测量实验中都应包括有对照的空白实验。用同体积的蒸馏水或样品中的缓冲液代替待测溶液，并严格按照待测液和标准液那样的方法处理，即得到所谓的空白溶液。在最后计算时，应从实验测得的结果中扣除从空白溶液中得到的数值求得比较准确的结果。

（二）　偶然误差

由于难以察觉的原因或由于个人一时辨别差异，或是某些不易控制的外界因素而引起的误差称为偶然误差。一般生物类实验的影响因素是多方面的。常由于某些条件，如温度、光照、气流、反应时间、反应体系的微小变化都会引起较大的误差。特别是某些因素的作用机理目前仍不十分清楚，所以有些实验结果重现性较差。

偶然误差初看起来似乎没有规律性，但经过多次实验，便可发现偶然误差的分布有以下规律：一是正误差和负误差出现的概率相等；二是小误差出现的频率高，而大误差出现的频率较低。因此，解决偶然误差主要是通过进行多次平行实验，然后取其平均值来弥补。测试的次数越多，偶然误差的概率就越小。

（三）　操作错误

除了上述两种误差外，往往还有由于操作不认真、观察不仔细、没有按操作规程去操作等引起的操作错误。这对于初做生物化学实验的工作者来说是经常发生的，如加错试剂、在配制标准溶液时固体溶质未被溶解就用容量瓶定容、在称量样品时还未调零就进行称量、在做电泳时点样端位置放错、在做抽滤实验时应留滤液却误留滤渣、在作图时坐标轴取反以及记录和计算上的错误等。这些失误会对分析结果产生极大的影响，致使整个实验失败。所以在实验中一定要避免操作错误，培养严谨和一丝不苟的科学实验作风，养成良好的实验习惯，减少失误的发生。

此外，在实际工作中要根据实验目的，设计好切实可行的实验方案，并根据实际需要的准确度来选择测试手段（仪器及方法）。如在做定性实验时，称量及配制试剂可相对粗些，可选择台秤来称重。而在做定量实验时，则必须使用分析天平及容量瓶来称量、定容，以确保实验数据真实可靠。

二、实验记录及报告

如前所述，由于生物化学实验的对象是生命体或是生物活性物质，在实验中很容易受外界环境条件的影响，而引起实验结果的差异。因此，在实验记录和写实验报告时，需要实验者做到仔细、认真、实事求是，只有这样才能获得真实可靠的实验结果。

（一）实验记录

在实验课前应认真预习，初步了解实验目的、实验原理，对操作方法及步骤要做到心中有数。最好写一个预习提纲，将实验步骤简要地写出来。

在实验中要对观察到的结果及数据及时记录。记录时要准确、客观，切忌夹杂主观因素，例如在做一些颜色反应实验时，要根据实验中出现的真实颜色记录，真实的实验记录才是今后结果分析的可靠依据，切勿根据课本中已经了解的可能出现的现象做虚假记录。实验中配制溶液的过程、加样的体积、使用仪器的类型以及试剂的规格、浓度都应该记录清楚，以便在总结实验时，查找实验失败的原因。另外，实验时的环境条件（如温度、湿度、光度等）及反应时间也要认真记录，详细的记录才能成为今后实验的参考数据。

（二）实验报告

实验结束后，应及时整理和总结实验数据写出实验报告。一份好的实验报告应包括以下内容。

（1）标题　标题应包括实验时间、实验地点、实验组号、实验者姓名、实验室条件（如温度、湿度）等。

（2）实验名称、实验目的。

（3）实验原理　应简明扼要地阐述实验的理论指导，使未做过实验的人看后对该实验有一个初步的了解。

（4）材料和仪器　对实验材料要写清其来源及规格、浓度、配制方法和配制人。对实验仪器要写明其生产厂家、型号、生产序号等常用指标。

（5）操作方法　要描述自己的操作过程及方法，不能完全照抄实验指导书，可简明扼要地把实验步骤一步步写出，也可用工艺流程图或表格形式按照先后顺序表示，实验步骤一定要写得准确明白，以便他人能够重复验证。

（6）实验结果　将实验中的现象、数据进行整理、分析，得出相应的结论。在生物化学实验中最常用的多以图表法来表示实验结果，这样可使实验结果清楚明了。特别在生化实验中通过对标准样品的一系列分析测定，制作图表或绘制标准曲线等，可为以后待测样品的分析提供方便的条件，如通过实验值在图表中直接查出结果。现将常用方法介绍如下。

①列表法：将实验所得的各种数据列出表格。通常在表格的第一行和第一列标出数据的名称或单位，其余行列内只写数字。有的表格在中间或末端的一行内还要填上反应条件如"水浴中加热5min"等。

②作图法：实验所得的一系列数据之间的关系及变化情况，通常可用图线表示，这样可直观地分析实验数据。作图法比较适用于实验数据较多的情况，但不能较清楚地表示数据间的情况。如生化实验中用比色法测定未知样品浓度时，常采用绘制已知标准样品浓度的工作曲线，然后在同样工作条件下测定未知样品，用所得的数据从标准工作曲线中查出未知样品的浓度。作图时，首先要在坐标纸上标出坐标轴，标明轴的名称和单位，然后在横轴和纵轴上找出实验交叉点，用" × "或" · "标注上，再用直线或平滑线将各点连接起来。因线不一定经过所有实验数据点，但要求线必须尽量通过或靠近大多数数据点。个别偏离过大的点应舍弃，或重复实验进行校正。此外，在图上还应标明标题，以防看图的人对图产生歧义。

（7）讨论　讨论部分是对整个实验过程、实验结果的总结、分析。对得到的正常结果和出现的异常现象以及教师提出的思考题的探讨、研究。也可对实验设计、实验方法提出合理的改进性意见，以便教师今后能更好地安排实验。

第二章

基础生物化学实验

第一节　糖类化学

实验1　糖的呈色反应和定性鉴定

【实验目的】

1. 学习鉴定糖类及区分酮糖和醛糖的方法。

2. 了解鉴定还原糖的方法及其原理。

一、莫立许（Molish）反应——α - 萘酚反应

【实验原理】

糖在浓硫酸或浓盐酸的作用下脱水形成糠醛及其衍生物与 α - 萘酚作用，形成紫红色复合物，在糖液和浓硫酸的液面间形成紫环，因此又称紫环反应。自由存在和结合存在的糖均呈阳性反应。此外，各种糠醛衍生物、葡萄糖醛酸以及丙酮、甲酸和乳酸均呈颜色近似的阳性反应。因此，阴性反应证明没有糖类物质的存在，而阳性反应则说明有糖存在的可能性，需要进一步通过其他糖的定性试验才能确定有糖的存在。

【实验试剂】

Molish 试剂：取 5g α - 萘酚用 95% 乙醇溶解至 100mL，临用前配制，棕色瓶保存。

1% 葡萄糖溶液；1% 蔗糖溶液；1% 淀粉溶液。

【操作步骤】

取试管，编号，分别加入各待测糖溶液 1mL，然后加 2 滴 Molish 试剂，摇匀。倾斜试管，沿管壁小心加入约 1mL 浓硫酸，切勿摇动，小心竖直后仔细观察两层液面交界处的颜色变化。用水代替糖溶液，重复一遍，观察结果。

二、蒽酮反应

【实验原理】

糖经浓酸作用后生成的糠醛及其衍生物与蒽酮（9，10 – 二氢 – 9 – 氧蒽）作用生成蓝绿色复合物。

【实验试剂】

蒽酮试剂：取 0.2g 蒽酮溶于 100mL 浓硫酸中，当日配制。

1% 葡萄糖溶液；1% 蔗糖溶液；1% 淀粉溶液。

【操作步骤】

取试管，编号，均加入 1mL 蒽酮溶液，再向各管滴加 2 ~ 3 滴待测糖溶液，充分混匀，观察各管颜色变化并记录。

三、酮糖的谢里瓦诺夫（Seliwanoff）反应

【实验原理】

该反应是鉴定酮糖的特殊反应。酮糖在酸的作用下较醛糖更易生成羟甲基糠醛。后者与间苯二酚作用生成鲜红色复合物，反应仅需 20 ~ 30s。醛糖在浓度较高时或长时间煮沸，才产生微弱的阳性反应。

【实验试剂】

Seliwanoff 试剂：0.5g 间苯二酚溶于 1L 盐酸（H_2O:HCl = 2:1）（体积比）中，临用前配制。

1% 葡萄糖溶液；1% 蔗糖溶液；1% 果糖溶液。

【操作步骤】

取试管，编号，各加入 Seliwanoff 试剂 1mL，再依次分别加入待测糖溶液各 4 滴，混匀，同时放入沸水浴中，比较各管颜色的变化过程。

四、斐林试验

【实验原理】

斐林试剂（Fehling's solution）是含有硫酸铜和酒石酸钾钠的氢氧化钠溶液。硫酸铜与碱溶液混合加热，则生成黑色的氧化铜沉淀；若同时有还原糖存在，则产生黄色或砖红色的氧化亚铜沉淀。

为防止铜离子和碱反应生成氢氧化铜或碱性碳酸铜沉淀，斐林试剂中加入酒石酸钾钠，它与 Cu^{2+} 形成的酒石酸钾钠配位铜离子是可溶性的配位离子，该反应是可逆的，平

衡后溶液内保持一定浓度的氢氧化铜。斐林试剂是一种弱的氧化剂，它不与酮和芳香醛发生反应。

【实验试剂】

试剂甲：称取 34.5g 硫酸铜（$CuSO_4 \cdot 5H_2O$）溶于 500mL 蒸馏水中。

试剂乙：称取 125gNaOH、137g 酒石酸钾钠溶于 500mL 蒸馏水中，储存于具橡皮塞的玻璃瓶中。临用前，将试剂甲和试剂乙等量混合。

1% 葡萄糖溶液；1% 蔗糖溶液；1% 淀粉溶液。

【操作步骤】

取试管，编号，各加入斐林试剂甲和试剂乙 1mL。摇匀后，分别加入 4 滴待测糖溶液，置沸水浴中加热 2~3min，取出冷却，观察沉淀和颜色变化。

五、班氏试验

【实验原理】

班氏试剂（Benedict's solution）是斐林试剂的改良试剂。班氏试剂利用柠檬酸作为 Cu^{2+} 的配位剂，其碱性较斐林试剂弱，灵敏度高，干扰因素少。

【实验试剂】

班氏试剂：将 170g 柠檬酸钠（$Na_3C_6H_3O_7 \cdot 11H_2O$）和 100g 无水碳酸钠溶于 800mL 水中；另将 17g 硫酸铜溶于 100mL 热水中。将硫酸铜溶液缓慢倾入柠檬酸钠 – 碳酸钠溶液中，边加边搅，最后定容至 1000mL。该试剂可长期使用。

1% 葡萄糖溶液；1% 蔗糖溶液；1% 淀粉溶液。

【操作步骤】

取试管，编号，分别加入 2mL 班氏试剂和 4 滴待测糖溶液，沸水浴中加热 5min，取出后冷却，观察各管中的颜色变化。

六、巴费德氏（Barfoed）试验

【实验原理】

在酸性溶液中，单糖和还原二糖的还原速度有明显差异。Barfoed 试剂为弱酸性。单糖在 Barfoed 试剂的作用下能将 Cu^{2+} 还原成砖红色的氧化亚铜，时间约为 3min，而还原二糖则需 20min 左右。所以，该反应可用于区别单糖和还原二糖。当加热时间过长，非还原性二糖经水解后也能呈现阳性反应。

【实验试剂】

Barfoed 试剂：16.7g 乙酸铜溶于近 200mL 水中，加 1.5mL 乙酸，定容至 250mL 即可。

1%葡萄糖溶液；1%麦芽糖；1%蔗糖溶液；1%淀粉溶液。

【操作步骤】

取试管，编号，分别加入2mL Barfoed试剂和2~3滴待测糖溶液，煮沸2~3min，放置20min以上，比较各管的颜色变化。

【注意事项】

（1）Molish反应非常灵敏，0.001%葡萄糖和0.001%蔗糖即能呈现阳性反应。因此，不可在样品中混入纸屑等杂物。当果糖浓度过高时，由于浓硫酸对它的焦化作用，将呈现红色及褐色而不呈紫色，需稀释后再做。

（2）果糖与Seliwanoff试剂反应非常迅速，呈鲜红色，而葡萄糖所需时间较长，且只能产生黄色至淡黄色。戊糖也与Seliwanoff试剂反应，戊糖经酸脱水生成糠醛，与间苯二酚缩合，生成绿色至蓝色产物。

（3）酮基本身没有还原性，只有在变成烯醇式后，才显示还原作用。

（4）糖的还原作用生成氧化亚铜沉淀的颜色决定于颗粒的大小，Cu_2O颗粒的大小又决定于反应速度。反应速度快时，生成的Cu_2O颗粒较小，呈黄绿色；反应速度慢时，生成的Cu_2O颗粒较大，呈红色。溶液中还原糖的浓度可以从生成沉淀的多少来估计，而不能依据沉淀的颜色来判断。

（5）Barfoed反应产生的Cu_2O沉淀聚集在试管底部，溶液仍为深蓝色。应注意观察试管底部红色的出现。

【思考题】

1. 总结和比较本实验6种颜色反应的原理和应用。
2. 运用本实验的方法，设计一个鉴定未知糖的方案。

实验2　植物中还原糖和总糖的测定——3，5 - 二硝基水杨酸比色法

【实验目的】

1. 掌握还原糖和总糖定量测定的基本原理。
2. 熟悉3，5 - 二硝基水杨酸定糖法的基本操作。

【实验原理】

各种单糖和麦芽糖是还原糖，蔗糖和淀粉是非还原糖。利用溶解性质不同，可将植物样品中的单糖、双糖和多糖分别提取出来，再用酸水解法使没有还原性的双糖和多糖彻底水解成有还原性的单糖。

在碱性条件下，还原糖与3，5 - 二硝基水杨酸共热，3，5 - 二硝基水杨酸被还原为3 - 氨基 - 5 - 硝基水杨酸（棕红色物质），还原糖则被氧化成糖醛酸及其他产物。在一定范围内，还原糖的量与棕红色物质的颜色深浅成比例关系，在540nm波长下测定棕红色物质的吸光度，通过标准曲线，便可分别求出样品中还原糖和总糖的含量。多糖水解时，在单糖残基

上加了一分子水，因而在计算中需扣除已加入的水量，测定所得的总糖量乘以 0.9 即为实际的总糖量。

【实验材料、仪器与试剂】

1. 实验材料

水果、蔬菜、植物干样品、面粉等。

2. 实验仪器

刻度试管或比色管，刻度吸管，大离心管或玻璃漏斗，恒温水浴锅，烧杯，离心机，容量瓶，电子天平，分光光度计，三角瓶。

3. 试剂

（1）1mg/mL 葡萄糖标准液　准确称取 100mg 分析纯葡萄糖（预先在 80℃烘至恒重），置于小烧杯中，用少量蒸馏水溶解后，定量转移到 100mL 的容量瓶中。以蒸馏水定容至刻度，摇匀，冰箱中保存备用。

（2）3，5‐二硝基水杨酸试剂　将 6.3g 3，5‐二硝基水杨酸和 262mL 2mol/L NaOH 溶液加至 500mL 含有 185g 酒石酸钾钠的热水溶液中，再加入 5g 结晶酚和 5g 亚硫酸钠，搅拌溶解。冷却后加蒸馏水定容至 1000mL，储于棕色瓶中备用。

（3）碘‐碘化钾溶液　称取 5g 碘和 10g 碘化钾，溶于 100mL 蒸馏水中。

（4）酚酞指示剂　称取 0.1g 酚酞，溶于 250mL 70% 乙醇中。

（5）6mol/L HCl 溶液。

（6）6mol/L NaOH 溶液。

【操作步骤】

1. 葡萄糖标准曲线的制作

取 7 支 25mL 具塞比色管，编号，按表 2‐1 加入试剂。

将各管摇匀，在沸水浴中加热 5min，取出后用自来水冷却至室温，加蒸馏水定容至 25mL，混匀。在 540nm 波长下，用 0 号管作对照，分别测定 1~6 号管的吸光度，绘制标准曲线。

表 2‐1　　　　　　　　　　　　　　管号与所加试剂

管号	0	1	2	3	4	5	6
葡萄糖标准液/mL	0	0.2	0.4	0.6	0.8	1.0	1.2
蒸馏水/mL	2.0	1.8	1.6	1.4	1.2	1.0	0.8
3，5‐二硝基水杨酸试剂/mL	1.5	1.5	1.5	1.5	1.5	1.5	1.5

2. 样品中还原糖和总糖的提取

（1）还原糖水提取法　新鲜植物样品洗净擦干，切成小块，用组织捣碎机捣成匀浆，准确称取 10~20g 匀浆，用蒸馏水洗入 250mL 容量瓶中。若样品呈酸性，则用稀碱调至中性。如磨细的风干样品，可准确称取 3.00g，加少量水湿润后注入 250mL 容量瓶中，中和酸性操作同上。在 80℃水浴中保温 30min，使还原糖浸出。保温后冷却至室温，定容至刻度，摇匀后过滤，滤液作为还原糖待测液。

（2）还原糖乙醇提取法　对含有大量淀粉和糊精的样品，用水提取会使部分淀粉、糊精溶出影响测定，同时过滤也困难，为此，宜采用乙醇溶液提取。将研磨成糊状的样品用100mL 80% 乙醇洗入蒸馏瓶中，装上回流冷凝管，接通冷凝水。在80℃水浴上保温提取3次，第一次30min，后两次15min。3次提取的上清液一并倒入另一蒸馏瓶，在85℃水浴上蒸去乙醇。也可在40～45℃水浴上进行减压蒸馏，直至乙醇提取液只剩3～5mL，用水洗入250mL容量瓶中，定容至刻度，摇匀，作为还原糖待测液。

用乙醇溶液作为提取剂时，不必去除蛋白质，因为蛋白质不会溶解出来。

（3）总糖的水解和提取　准确称取10g新鲜植物样品，置100mL的三角瓶中，加入10mL 6mol/L HCl 及15mL蒸馏水，置于沸水浴中加热水解30min。取1～2滴水解液于白瓷板上，加1滴碘-碘化钾溶液，检查水解是否完全。如已水解完全，则不显蓝色。待三角瓶中的水解液冷却后，加入1滴酚酞指示剂，以6mol/L NaOH中和至微红色，过滤，再用少量蒸馏水冲洗三角瓶及滤纸，将滤液全部收集在100mL的容量瓶中，用蒸馏水定容至刻度，混匀；精确吸取10mL定容过的水解液，移入另一100mL的容量瓶中，定容、混匀，作为总糖待测液。

3. 还原糖和总糖的测定

取4支25mL具塞比色管，编号，按表2-2加入试剂。

表2-2　　　　　　　　　　　　　比色管所加试剂

管号	还原糖测定管号		总糖测定管号	
	1	2	1	2
还原糖待测液/mL	2.0	2.0	0	0
总糖待测液/mL	0	0	2.0	2.0
3，5-二硝基水杨酸试剂/mL	1.5	1.5	1.5	1.5

加入试剂后，其余操作与制作葡萄糖标准曲线时相同。以制作标准曲线的0号管为对照，测定各管吸光度。

【结果与计算】

在标准曲线上分别查出相应的还原糖和总糖的浓度，按下式计算出样品中还原糖和总糖的含量。

$$还原糖（\%）=\frac{查曲线所得还原糖含量（mg）\times\dfrac{提取液总量}{测定时取用量}}{样品质量（g）\times 1000}\times 100$$

$$总糖（\%）=\frac{查曲线所得总糖含量（mg）\times\dfrac{提取液总量\times 稀释倍数}{测定时取用量}\times 0.9}{样品质量（g）\times 1000}\times 100$$

【注意事项】

（1）样品量和稀释倍数的确定，要考虑本方法的检测范围，待测液的含糖量要在标准曲线范围内。

（2）标准曲线的制作与样品的测定要在相同条件下进行，最好是同时进行显色和比色。

【思考题】

1. 还原糖的提取有几种方法？试讨论其优缺点。

2. 为什么说总糖的测定通常是以还原糖的测定方法为基础的？

实验3 肝糖原的提取与鉴定

【实验目的】

了解和掌握肝糖原的提取方法。

【实验原理】

肝糖原是糖在体内的重要储存形式之一。储存量虽不多，但在代谢过程中，它是体内糖的重要来源之一。其合成或分解，对血糖浓度的调节起着重要的作用。

糖原是一高分子化合物（相对分子质量约400万）。微溶于水，无还原性，与碘作用产生红色。提取糖原是将新鲜的肝组织与石英砂及三氯乙酸共同研磨，当肝组织被充分破碎后，其中的蛋白质被三氯乙酸所沉淀，而糖原仍留于溶液中。过滤除去沉淀，滤液中肝糖原可借加入乙醇而沉淀。将沉淀的糖原溶于水，一部分做碘的颜色反应，另一部分经酸水解成葡萄糖后，用班氏试剂检验。

【实验试剂】

（1）10%三氯乙酸溶液。

（2）5%三氯乙酸溶液。

（3）95%乙醇。

（4）浓盐酸（HCl相对密度1.19）。

（5）0.2g/mL NaOH溶液。

（6）碘液 取碘1g、碘化钾2g溶于500mL蒸馏水中。

（7）班氏试剂 将硫酸铜17.3g溶于100mL温蒸馏水中；另溶柠檬酸钠173g和无水碳酸钠100g于700mL温蒸馏水中，待冷，将硫酸铜溶液缓缓（不断搅拌）加入柠檬酸钠和碳酸钠混合液内，最后用蒸馏水稀释至1000mL。

（8）洗净的石英砂。

【操作步骤】

1. 肝糖原提取

（1）打昏实验大白鼠，放血至死。立即取出肝脏，迅速以滤纸吸去附着的血液，称取约2g置于研钵中，加洗净细砂少许及10%三氯乙酸2mL，研磨。

（2）再加5%三氯乙酸4mL，继续研磨，至肝脏组织已充分磨成肉糜状为止。然后以3000r/min离心10min。

（3）将上清液转入另一离心管并量取体积，加入同体积的 95% 乙醇，混匀后，静置 10min，此时糖原成絮状沉淀析出。

（4）沉淀溶液以 3000r/min 离心 10min。弃去上清液，并将离心管倒置于滤纸上 1~2min。

（5）沉淀内加入蒸馏水 1mL，用细玻璃棒搅拌沉淀至溶解，即成糖原溶液。

2. 鉴定

（1）取小试管 2 支，一支加糖原溶液 10 滴；另一支加蒸馏水 10 滴，然后两管中各加碘溶液 1 滴，混匀，比较、分析两管溶液颜色有何不同。

（2）在剩余的糖原溶液内，加浓盐酸 3 滴，放在沸水浴中加热 10min。取出冷却，然后以 0.2g/mL 氢氧化钠溶液中和至中性（用 pH 试纸试验）。

（3）在上述溶液内添加班氏试剂 2mL，再置沸水浴中加热 10min，取出冷却。观察、分析沉淀的生成。

【注意事项】

（1）实验大鼠在实验前必须饱食，因为空腹时肝糖原易于减少含量。

（2）肝脏离体后，肝糖原会迅速分解。所以在杀死动物后，所得肝脏必须迅速以三氯乙酸处理。

实验 4 胰岛素和肾上腺素对血糖浓度的影响

【实验目的】

1. 掌握胰岛素和肾上腺素对血糖水平的调节作用。
2. 复习血糖水平调节机制。

【实验原理】

人和动物体内，血糖浓度受各种激素调节而维持恒定。胰岛素能降低血糖；其他很多激素则具有升高血糖的作用，其中以肾上腺素作用较为迅速而明显。胰岛素促进肝和肌将葡萄糖合成糖原，又加强糖的氧化利用，故可降低血糖；肾上腺素促进糖原分解而增高血糖。

【实验材料、仪器与试剂】

1. 实验材料

家兔。

2. 实验仪器

721 分光光度计。

3. 试剂

草酸钠，25% 葡萄糖，肾上腺素 1mg/mL，胰岛素。

【操作步骤】

（1）动物准备 取正常家兔两只，实验前预先饥饿 16h，称体重（一般为 2~3kg）。

（2）取血　从耳缘静脉取血，分别制成血浆。

（3）注射激素后取血　取饿兔血后，其中一只兔皮下注射胰岛素，剂量按0.75U/kg体重计算，并记录注射时间。1h后再取血制成血浆。取血后立即腹腔或皮下注射25%葡萄糖10mL，以免家兔发生胰岛素性休克而死亡。

另一只兔皮下注射肾上腺素，剂量按0.4mg/kg体重计算。并记录注射时间。0.5h后再取血制成血浆。

（4）测血糖方法　邻甲苯胺法测定。

（5）计算　算出注射胰岛素后血糖降低和注射肾上腺素后血糖增高的百分率。

【注意事项】

（1）血液收集到抗凝管中时，应注意边收集边摇匀。

（2）不要剧烈振荡血液，防止溶血。

【思考题】

1. 升高血糖和降低血糖的激素各有哪些？

2. 为何应激时血糖水平会升高？

3. 溶血对血糖值有什么影响？

4. 邻甲苯胺法测定血糖有何优缺点？

附　邻甲苯胺法测定血糖含量实验方法

1. 试剂、材料与仪器

（1）试剂

①邻甲苯胺试剂：称取硫脲1.5g溶于750mL乙酸中，加邻甲苯胺150mL及饱和硼酸40mL，混匀后加乙酸至1000mL，置棕色瓶中，冰箱保存。

②葡萄糖标准溶液：5.0mg/mL，临用时稀释成1.0mg/mL。

（2）材料　动物血清。

（3）仪器　具塞试管（1.5cm×15cm×8），分光光度计。

2. 操作步骤

（1）制作标准曲线取6支试管编号后，按表2-3顺序加入试剂。

表2-3　　　　　　　　　　　　　　标准曲线的制作

管号	0	1	2	3	4	5
标准葡萄糖液/mL	0.00	0.02	0.04	0.06	0.08	0.10
蒸馏水/mL	0.10	0.08	0.06	0.04	0.02	0.00
邻甲苯胺试剂/mL	5.00	5.00	5.00	5.00	5.00	5.00
A_{630nm}						

加毕，温和混匀。于沸水浴中煮沸4min取下，冷却，放置30min。用1cm比色杯，空白

试剂为对照组，测定630nm处吸光度，绘制标准曲线。

（2）样品测定取3支试管编号后，按表2-4分别加入试剂，与标准曲线同时做比色测定。

表2-4　　　　　　　　　　　　　　　样品测定所加的试剂

管号	对照	样品1	样品2
稀释的未知血清样品/mL	0.00	0.10	0.10
蒸馏水/mL	0.10	0.00	0.00
邻甲苯胺试剂/mL	5.00	5.00	5.00
A_{630nm}			

加毕，温和混匀。于沸水浴中煮沸4min取下，冷却，放置30min。用1cm比色杯，空白试剂为对照组，测定630nm处吸光值，从标准曲线中可查出样品中血糖含量。

第二节　脂类化学

实验5　种子粗脂肪的提取

【实验目的】

　　脂肪广泛存在于油料植物种子和果实中，测定脂肪的含量，可以鉴别其品质的优劣，也是油料作物选种和种质资源调查的常规测定项目。

【实验原理】

　　脂肪不溶于水，易溶于有机溶剂（如石油醚）。利用这一特性，选用有机溶剂直接浸提出样品中的脂肪进行测定。提取物中除脂肪之外，还有游离脂肪酸、石蜡、磷脂、固醇、色素、有机酸等物质，故浸提物称为粗脂肪。脂肪的提取主要是利用其易溶于有机溶剂的特性。具体的实验操作粗脂肪的提取，一般采用索氏脂肪提取器（图2-1）。

　　利用脂类物质溶于有机溶剂的特性。在索氏提取器中用有机溶剂（本实验用石油醚，沸程为30~60℃）对样品中的脂类物质进行提取。

　　索氏提取器是由提取瓶、提取管、冷凝器三部分组成

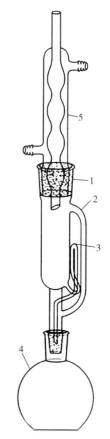

图2-1　索氏脂肪提取器

1—浸提管　2—通气管　3—虹吸管

4—小烧瓶　5—冷凝管

的，提取管两侧分别有虹吸管和连接管。各部分连接处要严密不能漏气。提取时，将待测样

品包在脱脂滤纸包内，放入提取管内。提取瓶内加入石油醚，加热提取瓶，石油醚气化，由连接管上升进入冷凝器，凝成液体滴入提取管内，浸提样品中的脂类物质。待提取管内石油醚液面达到一定高度，溶有粗脂肪的石油醚经虹吸管流入提取瓶。流入提取瓶内的石油醚继续被加热气化、上升、冷凝，滴入提取管内，如此循环往复，直到抽提完全为止。

【实验材料、仪器与试剂】

1. 实验材料

大豆、花生、蓖麻、向日葵、芝麻等油料种子。

2. 实验仪器

索氏提取器（50mL），烧杯，干燥器，脱脂滤纸，镊子，分析天平，烘箱，恒温水浴，脱脂棉。

3. 试剂

石油醚（化学纯，沸程 30~60℃）。

【操作步骤】

（1）将洗净、晾干的芝麻种子放在 80~100℃ 烘箱中 4h。待冷却后，准确称取 2~4g，置于研钵中研磨细，将研碎的样品及擦净研钵的脱脂棉一并用脱脂滤纸包住用丝线扎好，勿让样品漏出。或用特制的滤纸斗装样品后，斗口用脱脂棉塞好。放入索氏提取器的提取管内，最后再用石油醚洗净研钵后倒入提取管内。

（2）洗净索氏提取瓶，在 105℃ 烘箱内烘干至恒重，记录质量为 m_1。将石油醚加到提取瓶内为瓶容积的 1/2~2/3。把提取器各部分连接后，接口处不能漏气。用 70~80℃ 恒温水浴加热提取瓶，使抽提进行 16h 左右，直至抽提管内的石油醚用滤纸检验无油迹为止。此时表示提取完全。

（3）提取完毕，取出滤纸包，再回馏一次，洗涤提取管。再继续蒸馏，当提取管中的石油醚液面接近虹吸管口而未流入提取瓶时，倒出石油醚。若提取瓶中仍有石油醚，继续蒸馏，直至提取瓶中石油醚完全蒸完。取下提取瓶，洗净瓶的外壁，放入 105℃ 烘箱中烘干至恒重，记录质量 m_2。

【结果与计算】

$$脂肪含量(\%) = \frac{m_2 - m_1}{m} \times 100$$

式中　m_2——提取瓶和脂肪的质量，g

　　　m_1——提取瓶的质量，g

　　　m——样品质量，g

【注意事项】

（1）本法采用沸点 <60℃ 的有机溶剂，不能提取出样品中结合状态的脂类，故此法又称游离脂类定量测定法。

（2）待测样品若是液体，应将一定体积的样品滴在脱脂滤纸上在 60~80℃ 烘箱中烘干后放入提取管内。

（3）本法使用有机溶剂石油醚（沸程 30 ~ 60℃），故加热时不能用明火。

【思考题】

索氏抽提法提取粗脂肪的优缺点是什么？

实验 6　血清胆固醇的测定——磷硫铁法

【实验目的】

掌握血清胆固醇的测定方法。

【实验原理】

血清中胆固醇含量可用磷硫铁法测定。血清经无水乙醇处理，蛋白质沉淀，胆固醇及其酯则溶于其中。在乙醇提取液中，加磷硫铁试剂（即浓硫酸和三价铁溶液），胆固醇及其酯与试剂形成比较稳定的紫红色化合物，呈色程度与胆固醇及其酯含量成正比，可用比色（560nm 处）法定量测定。

【实验仪器与试剂】

1. 实验仪器

量瓶（100mL），移液管（1mL×2，2mL×4，5mL×1），离心机，离心管，分光光度计。

2. 试剂

（1）0.1g/mL $FeCl_3$ 溶液　称取 10g $FeCl_3 \cdot 6H_2O$（分析纯）溶于 85% ~ 87% 浓磷酸中，然后定容至 100mL，存于棕色瓶中冷藏，保存期为 1 年。

（2）磷硫铁试剂　加 0.1g/mL $FeCl_3$ 溶液 1.5mL 于 100mL 棕色容量瓶中，以浓硫酸（分析纯）定容至刻度。

（3）胆固醇标准储液　准确称取胆固醇（化学纯，必要时需重结晶）80mg，溶于无水乙醇中，定容至 100mL，于棕色瓶中低温保存。

（4）胆固醇标准溶液　将上述储液用无水乙醇准确稀释 10 倍，此标准溶液含胆固醇 0.08mg/mL。

（5）无水乙醇。

（6）浓硫酸（分析纯）。

【操作步骤】

1. 胆固醇的提取

准确吸取 0.2mL 血清置于干燥离心管中，先加无水乙醇 0.8mL 摇匀后，再加无水乙醇 4.0mL（无水乙醇分两次加入，目的使蛋白质以分散很细的沉淀颗粒析出），加盖，用力摇匀 10min 后，以 3000r/min 的转速离心 5min。取上清液备用。

2. 比色测定

取干燥试管 4 支编号，分别按表 2-5 添加试剂。

表2-5 比色管中所加试剂

试剂	试管			
	空白管	标准管	样品管1	样品管2
无水乙醇/mL	2.0	—	—	—
胆固醇标准液/mL	—	2.0	—	—
血清乙醇提取液/mL	—	—	2.0	2.0
磷硫铁试剂/mL	2.0	2.0	2.0	2.0

加入上述试剂后，各管立即振荡 15～20 次，室温冷却 15min 后，在 722 型分光光度计上于 560nm 处测得 A_{560nm}。

【结果与计算】

$$血清胆固醇（mg/100mL）= \frac{A_{560nm}（样品液）}{A_{560nm}（标准液）} \times 0.08 \times \frac{100}{0.04} = \frac{A_{560nm}（样品液）}{A_{560nm}（标准液）} \times 200$$

【注意事项】

（1）实验操作中，涉及浓硫酸、磷酸，必须十分小心。

（2）沿管壁缓慢加入磷硫铁试剂，如室温过低（15℃ 以下），可先将离心管上层清液置于 37℃ 恒温水浴中片刻，然后加磷硫铁试剂显色。分成两层后，轻轻旋转试管，使其均匀混合。管口加盖，室温下放置。

（3）所用试管、比色杯均须干燥，如吸收水分，必然影响呈色反应。浓硫酸质量也很重要。

（4）呈色稳定约 1h。

（5）胆固醇含量过高时，应先将血清用生理盐水稀释后再测定，其结果乘以稀释倍数。

实验7　脂肪酸的 β - 氧化

【实验目的】

1. 了解脂肪酸的 β - 氧化作用。
2. 掌握测定 β - 氧化作用的方法和原理。

【实验原理】

在肝脏中，脂肪酸经 β - 氧化作用生成乙酰辅酶 A。两分子乙酰辅酶 A 可缩合生成乙酰乙酸。乙酰乙酸可脱羧生成丙酮，也可还原生成 β - 羟基丁酸。乙酰乙酸、β - 羟基丁酸和丙酮总称为酮体。

本实验用新鲜肝糜与丁酸保温，生成的丙酮在碱性条件下，与碘生成碘仿。反应式如下：

$$2NaOH + I_2 \rightarrow NaIO + NaI + H_2O$$

$$CH_3COCH_3 + 3NaIO \rightarrow CHI_3（碘仿）+ CH_3COONa + 2NaOH$$

剩余的碘，可以用标准硫代硫酸钠滴定。

$$NaIO + NaI + 2HCl \rightarrow I_2 + 2NaCl + H_2O$$
$$I_2 + 2Na_2S_2O_3 \rightarrow Na_2S_4O_6 + 2NaI$$

根据滴定样品与滴定对照所消耗的硫代硫酸钠溶液体积之差，可以计算由丁酸氧化生成丙酮的量。

【实验材料、仪器与试剂】

1. 实验材料

新鲜猪肝。

2. 实验仪器

锥形瓶（50mL×2），移液管（5mL×5，2mL×45），微量滴定管（5mL），漏斗，恒温水浴。

3. 试剂

（1）1g/L 淀粉溶液；9g/L 氯化钠溶液；15% 三氯乙酸溶液；0.2g/mL 氢氧化钠溶液，10% 盐酸溶液。

（2）0.5mol/L 丁酸溶液　取 5mL 丁酸溶于 100mL 0.5mol/L 氢氧化钠溶液中。

（3）0.1mol/L 碘溶液　称取 12.7g 碘和约 25g 碘化钾溶于水中，稀释到 1000mL，混匀，用标准 0.05mol/L 硫代硫酸钠溶液标定。

（4）标准 0.01mol/L 硫代硫酸钠溶液　临用时将已标定的 0.05mol/L 硫代硫酸钠溶液稀释成 0.01mol/L。

（5）1/15mol/L pH7.6 磷酸盐缓冲液　1/15mol/L 磷酸氢二钠溶液 86.8mL 与 1/15mol/L 磷酸二氢钠溶液 13.2mL 混合。

【操作步骤】

1. 肝糜的制备

称取肝组织 10g 置于研钵中。加少量 9g/L 氯化钠溶液，研磨成细浆。再加入 9g/L 氯化钠溶液至总体积为 20mL。

2. β - 氧化作用

取 2 个 50mL 锥形瓶，各加入 3mL 1/15 mol/L pH7.6 磷酸盐缓冲液。向其中一个锥形瓶中加入 2mL 正丁酸，另一个锥形瓶作为对照瓶，不加正丁酸。然后各加入 2mL 肝组织糜。混匀，置于 43℃ 恒温水浴中保温。

3. 沉淀蛋白质

保温 1.5h 后，取出锥形瓶，各加入 3mL 15% 三氯乙酸溶液，在对照瓶内追加 2mL 正丁酸，混匀，静置 15min 后过滤。将滤液分别收集在两个试管中。

4. 酮体的测定

吸取两种滤液各 2mL 分别放入另两个锥形瓶中，再各加 3mL 0.1mol/L 碘溶液和 3mL 0.1g/mL 氢氧化钠溶液。摇匀后，静置 10min。加入 3mL 10% 盐酸溶液中和。然后用 0.01mol/L 标准硫代硫酸钠溶液滴定剩余的碘。滴定至浅黄色时，加入 3 滴淀粉溶液作为指示剂。摇匀，并继续滴到蓝色消失。记录滴定样品与对照所用的硫代硫酸钠溶液的体积，并按下式计算样品中的丙酮含量。

【结果与计算】

$$肝糜中的丙酮含量(mmol/g) = (A - B) \times C_{Na_2S_2O_3} \times \frac{1}{6}$$

式中　A——滴定对照所消耗的 0.01mol/L 硫代硫酸钠溶液的体积，mL

　　　B——滴定样品所消耗的 0.01mol/L 硫代硫酸钠溶液的体积，mL

　$C_{Na_2S_2O_3}$——标准硫代硫酸钠溶液的浓度，mol/L

【注意事项】

肝糜必须新鲜，放置过久会失去氧化脂肪酸的能力。

【思考题】

1. 什么是酮体？
2. 本实验如何计算样品中的丙酮含量？

第三节　蛋白质化学

实验 8　谷物种子中赖氨酸含量的测定

【实验目的】

学习用分光光度法测定种子蛋白质中赖氨酸含量的原理和方法。

【实验原理】

蛋白质中的赖氨酸具有一个游离的 $\varepsilon - NH_2$，它与茚三酮试剂反应生成蓝紫色物质，其颜色深浅在一定范围内与赖氨酸的含量呈线性关系。因此，用已知浓度的游离氨基酸制作标准曲线，通过测定 530nm 波长下的吸光度可确定样品蛋白质中的赖氨酸含量。

制作标准曲线应该配制赖氨酸标准溶液，但当赖氨酸来源有困难时，也可用亮氨酸代替。因为亮氨酸与赖氨酸的碳原子数目相同，且仅有一个游离氨基（$\alpha - NH_2$），相当于肽链中赖氨酸残基上的 $\varepsilon - NH_2$。但由于这两种氨基酸相对分子质量不同，以亮氨酸为标准计算赖氨酸含量时，应乘以校正系数 1.1515，并且最后还应减去样品中游离氨基酸含量。

【实验材料、仪器与试剂】

1. 实验材料

粉碎脱脂谷物种子。

2. 实验仪器

分光光度计，分析天平，恒温水浴，康氏振荡器。

3. 试剂

（1）0.2mol/L 柠檬酸缓冲液（pH5.0）　称取 2.10g 柠檬酸和 2.94g 柠檬酸三钠，溶解于 50mL 蒸馏水中，调 pH 至 5.0。

（2）茚三酮试剂　称取 1g 茚三酮溶于 25mL 95% 乙醇中，称取 40mg 二氯化锡溶于 25mL 柠檬酸缓冲液中，将两液混合均匀，滤去沉淀，上清液置冰箱保存备用。

（3）0.02mol/L HCl　取 12mol/L 盐酸 1.8mL，用蒸馏水稀释定容至 1000mL。

（4）亮氨酸标准液　准确称取 5mg 亮氨酸，加数滴 0.02mol/L HCl 溶解，然后用蒸馏水稀释定容至 100mL，则得到浓度为 50μg/mL 的标准液。

（5）40g/L 碳酸钠　称取 4g 无水碳酸钠，溶于 100mL 蒸馏水。

（6）20g/L 碳酸钠　取 40g/L 碳酸钠 25mL，加水定容至 50mL。

【操作步骤】

1. 标准曲线的制作

取 7 支带塞试管编号，按表 2-6 添加试剂。

表 2-6　　　　　　　　　　　　　　　　试管中所加试剂

试管编号	0	1	2	3	4	5	6
亮氨酸标准液/mL	0.0	0.1	0.2	0.4	0.6	0.8	1.0
蒸馏水/mL	2.0	1.9	1.8	1.6	1.4	1.2	1.0
亮氨酸含量/μg	0	5	10	20	30	40	50

再向以上每支试管内加 40g/L 碳酸钠和茚三酮试剂各 2.0mL，摇匀后加塞置 80℃ 水浴中加热 30min，取出后冷却至室温。再向每支试管加 95% 乙醇 3.0mL，混匀后用 1cm 比色杯在 530nm 波长下比色。以吸光度为纵坐标，亮氨酸含量为横坐标，绘制标准曲线。

2. 样品测定

取 15mg 粉碎脱脂的谷物样品于具塞干燥试管中，加 20g/L 碳酸钠 4.0mL，于 80℃ 水浴中提取 20min，然后加茚三酮试剂 2.0mL，继续保温显色 30min，冷却后加 95% 乙醇 3.0mL，混匀后过滤，最后在 530nm 波长下比色，记录吸光度。

【结果与计算】

$$赖氨酸含量(\%) = \left[\frac{A}{m}\right] \times 样品稀释倍数 \times 10^{-3} \times 100$$

式中　A——标准曲线上查得的赖氨酸含量，μg

　　　m——样品质量，mg

【注意事项】

（1）样品需预先脱脂，以免干扰显色且使滤液混浊而影响比色。可用丙酮或石油醚浸泡或用索氏脂肪提取器脱脂。

（2）用亮氨酸标准曲线计算赖氨酸时，乘以校正系数 1.1515，再从最后的计算结果中减去游离氨基酸含量，各种谷物种子中游离氨基酸含量是：玉米 0.01%，小麦 0.05%，水稻 0.01%，高粱 0.04%。

【思考题】

本方法测定赖氨酸含量的原理是什么？

实验9　纸层析法分离鉴定氨基酸

【实验目的】

通过氨基酸的分离，学习纸层析法的基本原理及操作方法。

【实验原理】

层析法是用滤纸作为惰性支持物的分配层析法。层析溶剂由有机溶剂和水组成。物质被分离后在纸层析图谱上的位置是用 R_f（比移值）来表示的，如图 2-2 所示。

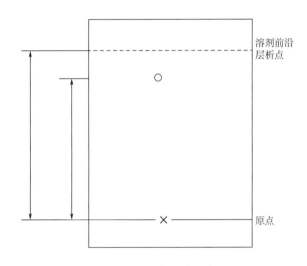

图 2-2　纸层析图谱示意图

在一定的条件下某种物质的 R_f 是常数。R_f 的大小与物质的结构、性质、溶剂系统、层析滤纸的质量和层析温度等因素有关。本实验利用纸层析法分离氨基酸。

【实验仪器与试剂】

1. 实验仪器

层析缸，毛细管，喷雾器，培养皿，层析滤纸。

2. 试剂

（1）扩展剂　4 份水饱和的正丁醇和 1 份乙酸混合物。将 20mL 正丁醇和 5mL 乙酸放入分液漏斗中，与 15mL 水混合，充分振荡，静置后分层，放出下层水层。取漏斗内的扩展剂约 5mL 置于小烧杯中作平衡溶剂，其余的倒入培养皿中备用。

（2）氨基酸溶液　0.5% 的赖氨酸、脯氨酸、缬氨酸、苯丙氨酸、亮氨酸溶液及它们的混合液（各组分均为 0.5%）。

（3）显色剂　各 5mL 0.1% 水合茚三酮正丁醇溶液。

【操作步骤】

1. 点样准备

将盛扩展剂的培养皿置于密闭的层析缸中，取 20mL 扩展剂加入培养皿中，迅速盖上层析缸盖。

取层析纸（长 22cm，宽 14cm）一张。在纸的一端距边缘 2～3cm 处用铅笔画一条直线，在此直线上每间隔 2cm 作一记号并标注点样氨基酸名称。

2. 点样

用毛细管将各氨基酸样品分别点在所标注的 6 个位置上；晾干后再点一次，少量多次。每点在纸上扩散的最大直径≤3mm，点样位置如图 2-3 所示。

3. 扩展

用线将滤纸捆成筒状，纸的两边不能接触，将滤纸直立于培养皿中（点样的一端在下，扩展剂的页面需低于点样线）。待溶剂上升 15～20cm 时即取出滤纸，用铅笔描出溶剂前沿界线，置于烘箱中烘干（80℃）。

4. 显色

用喷雾器均匀喷上 0.1% 茚三酮正丁醇溶液；然后置于烘箱中烘烤 5min（100℃）即可显出各层析斑点，如图 2-4 所示。

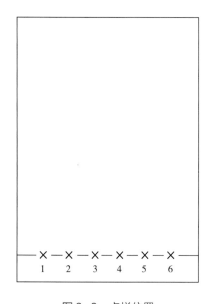

图 2-3　点样位置

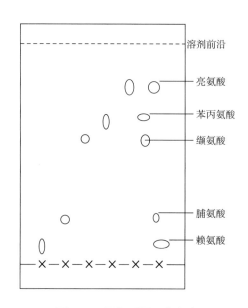

图 2-4　显色后显示的斑点

5. 计算

测量各氨基酸斑点的相应距离，计算各种氨基酸的 R_f（R_f 原点到层析点中心的距离/原点到溶剂前沿的距离）。

【思考题】

本实验中，氨基酸的 R_f 主要与哪些因素有关？

实验 10　蛋白质的性质实验

一、蛋白质的两性反应和等电点的测定

【实验目的】

1. 了解蛋白质的两性解离性质。
2. 学习测定蛋白质等电点的一种方法。

【实验原理】

蛋白质分子是由氨基酸组成的，而氨基酸带有可解离的氨基（—NH$_3^+$）和羧基（—COO$^-$），是典型的两性电解质。蛋白质分子虽然绝大多数的氨基与羧基成肽键结合，但总有一定数量的氨基与羧基以及酚基、胍基、咪唑基等酸碱基团。因此，蛋白质和氨基酸一样是两性电解质，在一定的 pH 条件下就会解离而带电。带电的性质和多少取决于蛋白质分子的性质、溶液 pH 和离子强度。在蛋白质溶液中存在下列平衡：

$$
\begin{array}{c}
\text{COOH} \\
\diagup \\
\text{P} \\
\diagdown \\
\text{NH}_2
\end{array}
$$

蛋白质分子

$$
\underset{\substack{\text{阴离子} \\ \text{pH} > pI \\ \text{电场中：移向阳极}}}{
\begin{array}{c}
\text{COO}^- \\
\diagup \\
\text{P} \\
\diagdown \\
\text{NH}_2
\end{array}}
\underset{+ \text{OH}^-}{\overset{+ \text{H}^-}{\rightleftharpoons}}
\underset{\substack{\text{兼性离子} \\ \text{pH} = pI \\ \text{不移动}}}{
\begin{array}{c}
\text{COOH} \\
\diagup \\
\text{P} \\
\diagdown \\
\text{NH}_2
\end{array}}
\underset{+ \text{OH}^-}{\overset{+ \text{H}^-}{\rightleftharpoons}}
\underset{\substack{\text{阳离子} \\ \text{pH} < pI \\ \text{移向阴极}}}{
\begin{array}{c}
\text{COOH} \\
\diagup \\
\text{P} \\
\diagdown \\
\text{NH}_3^+
\end{array}}
$$

蛋内质分子的解离状态和解离程度受溶液的酸碱度影响。当调节溶液的 pH 达到一定的数值时，蛋白质分子所带正、负电荷的数目相等，以兼性离子状态存在，在电场中，该蛋白质分子既不向阴极移动，也不向阳极移动，此时溶液的 pH 称为该蛋白质的等电点（pI）。当溶液的 pH 低于蛋白质的等电点时，蛋白质分子带正电荷，为阳离子；当溶液的 pH 高于蛋白质的等电点时，蛋白质分子带负电荷，为阴离子。

在等电点，蛋白质的物理性质如导电性、溶解度、硬度、渗透压等都降为最低，可利用这些性质的变化测定各种蛋白质的等电点，最常用的方法是测其溶解度最低时的溶液 pH。本实验采用蛋白质在不同 pH 溶液中形成的溶解度变化和指示剂显色变化观察其两性解离现象，并从所形成的蛋白质溶液混浊度来确定其等电点，即混浊度最大时的 pH 即为该种蛋白质的等电点。

不同蛋白质各有其特异的等电点，其中偏酸性的较多，如牛乳蛋白的等电点为 4.7 ~

4.8，血红蛋白质的等电点为 6.7 ~ 6.8，胰岛素的等电点为 5.3 ~ 5.4，鱼精蛋白是一个典型的碱性蛋白，其等电点为 12.0 ~ 12.4。

【实验材料、仪器与试剂】

1. 实验材料

酪蛋白。

2. 实验仪器

试管及试管架，滴管，吸量管。

3. 试剂

（1）0.5% 酪蛋白溶液（以 0.01mol/L NaOH 溶液作为溶剂）。

（2）酪蛋白乙酸钠溶液 称取酪蛋白 3g，放在烧杯中，加入 1.0mol/L NaOH 溶液 10mL，微热搅拌直到蛋白质完全溶解为止。将溶解好的蛋白质溶液转移到 500mL 容量瓶中，并用少量蒸馏水洗净烧杯，一并倒入容量瓶中，再加入 1.0mol/L 乙酸 50mL，摇匀，用蒸馏水定容至 500mL，塞紧瓶塞，混匀，溶液略呈混浊，此即为溶解于 0.1mol/L 乙酸钠溶液中的酪蛋白胶体。

（3）0.1g/L 溴甲酚绿指示剂（变色 pH 范围：3.6 ~ 5.2）。

（4）0.02mol/L HCl 溶液。

（5）0.02mol/L NaOH 溶液。

（6）1.0mol/L NaOH 溶液。

（7）0.01mol/L 乙酸溶液。

（8）0.1mol/L 乙酸溶液。

（9）1.0mol/L 乙酸溶液。

【操作步骤】

1. 蛋白质的两性反应

（1）取 1 支试管，加 0.5% 酪蛋白溶液 20 滴和 0.1g/L 溴甲酚绿指示剂 5 ~ 7 滴，混匀，观察溶液呈现的颜色，并说明原因。

（2）用细滴管缓慢加入 0.02mol/L HCl 溶液，随滴随摇，直至有明显的大量沉淀产生，此时溶液的 pH 接近酪蛋白的等电点，观察溶液颜色的变化。

（3）继续滴入 0.02mol/L HCl 溶液，观察沉淀和溶液颜色的变化，并说明原因。

（4）再滴入 0.02mol/L NaOH 溶液进行中和，观察是否出现沉淀，解释原因；继续滴入 0.02mol/L NaOH 溶液，观察现象和溶液的颜色变化，并说明原因。

2. 蛋白质等电点的测定

取 5 支试管，按表 2-7 次序向各管中加入试剂（注意要准确），加入后立即摇匀。

观察各管的混浊度，并根据混浊度来判断酪蛋白的等电点，混浊度可用 ＋，＋＋，＋＋＋ 表示。

表2-7　　　　　　　　　　　　　　测定蛋白质等电点所加试剂

管号	酪蛋白乙酸钠溶液/mL	H₂O/mL	0.01mol/L乙酸溶液/mL	0.1mol/L乙酸溶液/mL	1.0mol/L乙酸溶液/mL	pH	混浊程度
1	1.00	3.38	0.62	—	—	5.9	
2	1.00	3.75	—	0.25	—	5.3	
3	1.00	3.00	—	1.00	—	4.7	
4	1.00	—	—	4.00	—	4.1	
5	1.00	2.40	—	—	1.60	3.5	

【思考题】

做好本实验的关键是什么?

二、蛋白质的沉淀、变性反应

【实验目的】

1. 了解蛋白质的沉淀反应、变性作用和凝固作用的原理及它们的相互关系。

2. 学习盐析和透析等生物化学操作技术。

【实验原理】

蛋内质分子在水溶液中,由于其表面形成了水化层和双电层而成为稳定的胶体颗粒,所以蛋白质溶液和其他亲水胶体溶液相似。但是,在一定的物理化学因素影响下,由于蛋白质胶体颗粒的稳定条件被破坏,如失去电荷、脱水,甚至变性,而以固态形式从溶液中析出,这个过程称为蛋白质的沉淀反应。这种反应可分为可逆沉淀反应和不可逆沉淀反应两种类型。

可逆沉淀反应——蛋白质虽已沉淀析出,但它的分子内部结构并未发生显著变化,如果把引起沉淀的因素去除后,沉淀的蛋白质能重新溶于原来的溶剂中,并保持其原有的天然结构和性质。利用蛋白质的盐析作用和等电点作用,以及在低温下,乙醇、丙酮短时间对蛋白质的作用等所产生的蛋白质沉淀都属于这一类沉淀反应。

不可逆沉淀反应——蛋白质发生沉淀时,其分子内部结构空间构象遭到破坏,蛋白质分子由规则性的结构变为无序的伸展肽链,使原有的天然性质丧失,这时蛋白质已发生变性。这种变性蛋白质的沉淀已不能再溶解于原来溶剂中。

引起蛋白质变性的因素有重金属盐、植物碱试剂、强酸、强碱、有机溶剂等化学因素,加热、振荡、超声波、紫外线、X射线等物理因素。它们都能因破坏了蛋白质的氢键、离子键等次级键而使蛋白质发生不可逆沉淀反应。

天然蛋白质变性后,变性蛋白质分子互相凝聚或互相穿插缠绕在一起的现象称为蛋白质的凝固。凝固作用分两个阶段:首先是变性;其次是失去规律性的肽链聚集缠绕在一起而凝固或结絮。几乎所有的蛋白质都会因加热变性而凝固,变成不可逆的不溶状态。

【实验材料、仪器与试剂】

1. 实验材料

鸡蛋或鸭蛋。

2. 实验仪器

试管及试管架，小玻璃漏斗，滤纸，透析袋，玻璃棒，线绳或透析袋夹，烧杯，量筒，100℃恒温水浴箱。

3. 试剂

（1）蛋白质溶液　取5mL鸡蛋或鸭蛋清，用蒸馏水稀释至100mL，搅拌均匀后用4~8层纱布过滤，新鲜配制。

（2）蛋白质氯化钠溶液　取20mL蛋清，加蒸馏水200mL和饱和氯化钠溶液100mL，充分搅匀后，以纱布滤去不溶物（加入氯化钠的目的是溶解球蛋白）。

（3）其他试剂　硫酸铵粉末，饱和硫酸铵溶液，30g/L硝酸银溶液，0.5%乙酸铅溶液，10%三氯乙酸溶液，浓盐酸，浓硫酸，浓硝酸，5%磺基水杨酸溶液，1g/L硫酸铜溶液，饱和硫酸铜溶液，0.1%乙酸溶液，10%乙酸溶液，饱和氯化钠溶液，0.1g/mL氢氧化钠溶液，95%乙醇。

【操作步骤】

1. 蛋白质的盐析作用

用大量中性盐使蛋白质从溶液中沉淀析出的过程称为蛋白质的盐析作用。蛋白质是亲水胶体，蛋白质溶液在高浓度中性盐的影响下，蛋白质分子被中性盐脱去水化层，同时所带的电荷被中和，结果蛋白质的胶体稳定性遭到破坏而沉淀析出。析出的蛋白质仍保持其天然性质，当降低盐的浓度时，还能溶解。因此，蛋白质的盐析作用是可逆过程。

沉淀不同的蛋白质所需中性盐的浓度不同；而沉淀相同的蛋白质，因使用中性盐类不同所需的盐浓度也有差异。例如，向含有清蛋白和球蛋白的鸡蛋清溶液中加硫酸镁或氯化钠至饱和，则球蛋白沉淀析出；加硫酸铵至饱和，则清蛋白沉淀析出。另外，在等电点时，清蛋白可被饱和硫酸镁、氯化钠或半饱和的硫酸铵溶液沉淀析出。所以在不同条件下，用不同浓度的盐类可将各种蛋白质从混合溶液中分别沉淀析出，该法称为蛋白质的分级盐析，并在提纯蛋白质时常被应用。

取一支试管，加入3mL蛋白质氯化钠溶液和3mL饱和硫酸铵溶液，混匀，静置约10min，则球蛋白沉淀析出，过滤后向滤液中加入硫酸铵粉末，边加边用玻璃棒搅拌，直至粉末不再溶解，达到饱和为止，此时析出的沉淀为清蛋白。静置，倒去上部清液，取出部分清蛋白沉淀，加水稀释，观察它是否溶解，留存部分做透析用。

2. 重金属盐沉淀蛋白质

重金属盐类易与蛋白质结合成稳定的沉淀而析出。蛋白质在水溶液中是酸碱两性电解质，在碱性溶液中（对蛋白质的等电点而言），蛋白质分子带负电荷，能与带正电荷的金属离子结合成蛋白质盐，当加入汞、铅、铜、银等重金属的盐时，蛋白质形成不溶性的盐类而沉淀，并且这种蛋白质沉淀不再溶解于水中，说明它已发生了变性。

重金属盐类沉淀蛋白质的反应通常很完全，因此在生化分析中，常用重金属盐除去液体中的蛋白质；在临床上用蛋白质解除重金属盐的食物性中毒。但应注意，使用乙酸铅或硫酸铜沉淀蛋白质时，试剂不可加过量，否则可使沉淀出的蛋白质重新溶解。

取 3 支试管，各加入约 1mL 蛋白质溶液，分别加入 30g/L 硝酸银溶液 3～4 滴，0.5% 乙酸铅溶液 1～3 滴和 1g/L 硫酸铜溶液 3～4 滴，观察沉淀的生成。第一支试管的沉淀留作透析用，向第二、三支试管再分别加入过量的乙酸铅和饱和硫酸铜溶液，观察沉淀的再溶解。

3. 无机酸沉淀蛋白质

浓无机酸（除磷酸外）都能使蛋白质发生不可逆沉淀反应。这种沉淀作用可能是蛋白质颗粒脱水的结果，过量的无机酸（硝酸除外）可使沉淀出的蛋白质重新溶解。临床诊断上常利用硝酸沉淀蛋白质的反应，检查尿中蛋白质的存在。

取 3 支试管，分别加入浓盐酸 15 滴，浓硫酸、浓硝酸各 10 滴。小心地向 3 支试管中沿管壁加入蛋白质溶液 6 滴，不要摇动，观察各管内两液面处有白色环状蛋白质沉淀出现。然后，摇动每个试管，蛋白质沉淀应在过量的盐酸及硫酸中溶解。在含硝酸的试管中，虽经振荡，蛋白质沉淀也不溶解。

4. 有机酸沉淀蛋白质

有机酸能沉淀蛋白质。在酸性溶液中（对蛋白质的等电点而言），蛋白质分子带正电荷、能与带负电荷的酸根结合，生成不溶性蛋白质盐复合物而沉淀。三氯乙酸和磺基水杨酸是沉淀蛋白质最有效的两种有机酸。

取两支试管，各加入蛋白质溶液约 0.5mL，然后分别滴加 10% 三氯乙酸溶液和 5% 磺基水杨酸溶液各数滴，观察蛋白质的沉淀。

5. 有机溶剂沉淀蛋白质

乙醇、丙酮都是脱水剂，它能破坏蛋白质胶体颗粒的水化层，而使蛋白质沉淀。低温时，用乙醇（或丙酮）短时间对蛋白质的作用，还可保持蛋白质原有的生物活性；但用乙醇进行较长时间的脱水可使蛋白质变性沉淀。

取一支试管，加入蛋白质氯化钠溶液 1mL，再加入 95% 乙醇 2mL，并混匀，观察蛋白质的沉淀。

6. 加热沉淀蛋白质

蛋白质可因加热变性沉淀而凝固，然而盐浓度和氢离子浓度对蛋白质加热凝固有着重要影响。少量盐类能促进蛋白质的加热凝固；当蛋白质处于等电点时，加热凝固最完全、最迅速；在酸性或碱性溶液中，蛋白质分子带有正电荷或负电荷，虽加热蛋白质也不会凝固；若同时有足量的中性盐存在，则蛋白质可因加热而凝固。

取 5 支试管，编号，按表 2-8 加入有关试剂。

表 2-8　　　　　　　　　　　测试蛋白质沉淀所加试剂　　　　　　　　　　单位：滴

管号	试剂					
	蛋白质溶液	0.1% 乙酸溶液	10% 乙酸溶液	饱和 NaCl 溶液	0.1g/mL NaOH 溶液	蒸馏水
1	10	—	—	—	—	7
2	10	5	—	—	—	2

续表

管号	试剂					
	蛋白质溶液	0.1%乙酸溶液	10%乙酸溶液	饱和 NaCl 溶液	0.1g/mL NaOH 溶液	蒸馏水
3	10	—	5	—	—	2
4	10	—	5	2	—	—
5	10	—	—	—	2	5

　　将各管混匀，观察、记录各管现象后，放入100℃恒温水浴中保温10min，注意观察、比较管的沉淀情况。然后，将第3、4、5号管分别用0.1g/mL NaOH 溶液或10%乙酸溶液中和，观察并解释实验结果。

　　将第3、4、5号管继续分别加入过量的酸或碱，观察它们发生的现象。然后，用过量的酸或碱中和第3、5号管，100℃水浴保温10min，观察沉淀变化，检查这种沉淀是否溶于过量酸或碱中，并解释实验结果。

　　7. 蛋白质可逆沉淀与不可逆沉淀的比较

　　（1）在蛋白质可逆沉淀反应中，将用硫酸铵盐析所得的清蛋白沉淀倒入透析袋内，用线绳或透析袋夹将透析袋口扎紧，把透析袋浸入盛有蒸馏水的烧杯中进行透析，并经常用玻棒搅拌，每隔15min换一次水，仔细观察透析袋中蛋白质沉淀变化情况。

　　（2）在蛋白质不可逆沉淀反应中，将用硝酸银沉淀所得到的蛋白质沉淀倒入透析袋内，如前法进行透析，并观察透析现象。

　　透析1h左右，比较以上二透析袋中蛋白质沉淀所发生的变化，并加以解释。

【思考题】

　　1. 鸡蛋清为什么可用作铅中毒或汞中毒的解毒剂？

　　2. 蛋白质分子中的哪些基团可以与有机酸、无机酸作用而使蛋白质沉淀？

　　3. 使用乙酸铅或硫酸铜沉淀蛋白质时，试剂加过量后，为何沉淀出的蛋白质会重新溶解？

　　4. 在加热沉淀蛋白质的实验过程中应注意哪些问题？

实验 11　蛋白质含量测定

一、双缩脲法

【实验目的】

　　1. 掌握双缩脲法定量测定蛋白质含量的原理和方法。

　　2. 学会使用721型分光光度计并了解仪器的基本结构。

【实验原理】

蛋白质含有两个以上的肽键，因此有双缩脲反应。在碱性溶液中蛋白质与 Cu^{2+} 形成紫红色络合物，其颜色的深浅与蛋白质的浓度成正比，而与蛋白质的相对分子质量及氨基酸成分无关，因此被广泛应用。

在一定实验条件下，未知样品的溶液与标准蛋白质溶液同时反应，并在 $540 \sim 560nm$ 下比色，可以通过标准蛋白质的标准曲线求出未知样品的蛋白质浓度。标准蛋白质溶液可以用结晶的牛（或人）血清蛋白、卵清蛋白或酪蛋白粉末配制。

除—CONH—有此反应外，—$CONH_2$、—CH_2—NH_2、—CS—NH_2 等基团也有此反应。

血清总蛋白含量关系到血液与组织间水分的分布情况，在机体脱水的情况下，血清总蛋白质含量升高，而在机体发生水肿时，血清总蛋白含量下降，所以测定血清蛋白质含量具有临床意义。

【实验仪器与试剂】

1. 实验仪器

试管 7 支及试管架（每组一套），吸管（1mL、2mL、5mL）及吸管架，721 型分光光度计，坐标纸（每人一份）。

2. 试剂（按一个班平均 30 人用量计算）

（1）标准酪蛋白溶（5mg/mL）　称取 NaOH 0.5g 加水定容至 250mL，制成 0.05mol/L NaOH 溶液。称取酪蛋白 1250mg（1.25g），用 0.05mol/L NaOH 溶解后，稀释至 250mL。

（2）双缩脲试剂 500mL　溶解 0.75g $CuSO_4 \cdot 5H_2O$ 和 3g 酒石酸钾钠（$NaKC_4H_4O_6 \cdot 4H_2O$）于 250mL 水中，在搅拌下，加入 150mL 0.1g/mL NaOH 溶液，用水稀释至 500mL 储存在内壁涂以石蜡的瓶中。此试剂可长期保存，以备使用。

（3）1:10 血清稀释液（羊、牛、人血清皆可）　吸取血清原液 10mL，用蒸馏水稀释至 100mL。

【操作步骤】

1. 绘制标准曲线

取 6 支试管，按表 2-9，依次加入溶液。

表2-9　　　　　　　　　　标准曲线的制作

试剂	管号					
	0	1	2	3	4	5
标准酪蛋白/mL	0	0.4	0.8	1.2	1.6	2.0
H_2O/mL	2	1.6	1.2	0.8	0.4	0
双缩脲试剂/mL	4	4	4	4	4	4

在室温下（15~25℃）放置 30min，于 540nm 波长或绿色滤光片下用 581-G 光电比色计或 721 型分光光度计进行比色测定。最后以吸光度为纵坐标，酪蛋白含量为横坐标绘制标准曲线，作为定量的依据。

2. 未知样品蛋白质浓度的测定

未知样品必须进行稀释调整，使 2mL 中含有 1～10mg 蛋白质，才能进行测定。

吸取 1mL 1:10 稀释的血清待测液，用水补足至 2mL。加 4mL 双缩脲试剂。平行做两份。与标准曲线的各管同时比色。比色后从标准曲线上查出其蛋白质浓度，再按照稀释倍数求出每毫升血清原液的蛋白质含量。

【思考题】

对于作为标准的蛋白质应有何要求？

二、考马斯亮蓝法

【实验目的】

学习考马斯亮蓝 G－250 染色法测定蛋白质含量的原理和方法。

【实验原理】

1976 年 Bradford 建立了用考马斯亮蓝 G－250 与蛋白质结合的原理，迅速而准确地测量蛋白质的方法。染料与蛋白质结合后引起染料最大吸收光的改变，从 465nm 变为 595nm。蛋白质－染料复合物具有高的消光系数，因此大大提高了蛋白质测量的灵敏度（最低检出量为 1μg）。染料与蛋白质的结合是很迅速的过程，大约只需 2min，结合物的颜色在 1h 内是稳定的。一些阳离子，如 K^+、Na^+、Mg^{2+}、$(NH_4)_2SO_4$、乙醇等物质不干扰测定，而大量的去污剂 Triton X－100、SDS 等严重干扰测定，少量的去污剂可通过用适当的对照而消除。由于染色简单迅速、干扰物质少、灵敏度高，现已广泛用于蛋白质含量的测定。

【实验仪器与试剂】

1. 实验仪器

天平，分光光度计，试管及试管架，比色皿，移液管。

2. 试剂

（1）考马斯亮蓝 G－250　称取 100mg 考马斯亮蓝 G－250 溶于 50mL 95% 乙醇中，加入 100mL 85% 磷酸，将溶液用水稀释至 1000mL（试剂的终含量为：0.1g/L 考马斯亮蓝 G－250，4.7% 乙醇和 8.5% 磷酸）。

（2）标准蛋白质溶液　可用牛血清白蛋白预先经凯氏定氮法测定蛋白氮含量，根据其纯度配制成 0.1mg/mL 的溶液。

（3）未知样品液。

【操作步骤】

1. 牛血清白蛋白标准曲线的制作

取 6 支试管，编号为 1、2、3、4、5、6，按表 2－10 加入试剂。

表 2-10 牛血清白蛋白标准曲线制作

试管号	1	2	3	4	5	6
标准蛋白液/mL	0	0.15	0.30	0.45	0.60	0.75
水/mL	1	0.85	0.7	0.55	0.4	0.25
每管中所含标准蛋白的量/（mg/mL）	0	15	30	45	60	75
室温下静置 2min						
A_{595nm}						

混匀后静置 2min，以 1 号管作空白对照，测定各管 595nm 下的吸光值 A，以吸光值为纵坐标，蛋白质浓度为横坐标作图，得到标准曲线。

2. 未知样品中蛋白质浓度的测定

取未知浓度的蛋白液，通过适当稀释，使其浓度控制在 0.015～0.100mol/mL，加到 1mL 试管内，再加入 G-250 染色液 5mL 混匀，测其 595nm 下吸光度，对照标准曲线求出未知蛋白液的浓度。

【思考题】

1. 考马斯亮蓝法测定蛋白质含量的优点有哪些？
2. 为什么标准蛋白质必须用凯氏定氮法测定纯度？

三、紫外分光光度法

【实验目的】

掌握紫外分光光度法测定蛋白质含量的方法。

【实验原理】

蛋白质分子中存在含有共轭双键的酪氨酸和色氨酸，使蛋白质对 280nm 的光波具有最大吸收值，在一定浓度范围内，蛋白质溶液的吸光值与其浓度成正比，可做定量测定。该法操作简便、快速，并且测量的样品可以回收，低浓度盐类不干扰测定，故在蛋白质和酶的生化制备中广泛被采用。但此方法存在以下缺点。

（1）当待测的蛋白质中的酪氨酸残基含量差别较大时则会产生一定的误差，故该法适用于测量与标准蛋白质氨基酸类似的样品。

（2）若样品中含有其他在 280nm 吸收的物质和核酸等化合物，就会出现较大的干扰。但核酸的吸收高峰在 260nm，因此测定 280nm 和 260nm 两处的吸光度，通过计算可以适当地消除核酸对于测定蛋白浓度的干扰作用。但因为不同的蛋白质和核酸的紫外吸收是不同的，虽经过校正，测定结果还存在着一定的误差。

【实验仪器与试剂】

1. 实验仪器

紫外分光光度计，移液管，试管及试管架，石英比色皿。

2. 试剂

（1）标准蛋白质溶液　准确称取经凯氏定氮法校正的牛血清蛋白，配制成浓度为1mg/mL的溶液。

（2）待测蛋白质溶液　酪蛋白稀释液，使其浓度在标准曲线范围内。

【操作步骤】

1. 标准曲线的制作

按表2–11加入试剂。

表2–11　　　　　　　　　　　　　　标准曲线制作

管号	1	2	3	4	5	6	7	8
牛血清白蛋白溶液/mL	0	0.5	1.0	1.5	2.0	2.5	3.0	4.0
蒸馏水/mL	4	3.5	3.0	2.5	2.0	1.5	1.0	0
蛋白质浓度/mg/mL	0	0.125	0.25	0.375	0.50	0.625	0.75	1.00
A_{280nm}								

混匀后，选用1cm的石英比色皿，在波长280nm处测定各管的吸光值。蛋白质浓度为横坐标，吸光度为纵坐标，绘制出血清蛋白的标准曲线。

2. 未知样品的测定

取待测蛋白质溶液1mL，加入3mL蒸馏水，在280nm下测定其吸光度值。并从标准曲线上查出待测蛋白质的浓度。

【思考题】

1. 本法与其他测定蛋白质的方法比较，具有哪些优点和缺点？

2. 若样品中含核酸杂质，应如何排除干扰？

实验 12　酪蛋白的制备

【实验目的】

1. 学习从牛乳中制备酪蛋白的原理和方法。

2. 掌握等电点沉淀法提取蛋白质的方法。

【实验原理】

牛乳中的主要蛋白质是酪蛋白，含量约为35g/L。酪蛋白是一些含磷蛋白质的混合物，等电点为4.7。利用等电点时溶解度最低的原理，将牛乳的pH调至4.7时，酪蛋白就沉淀出来。用乙醇洗涤沉淀物，除去脂类杂质后便可得到纯酪蛋白。

【实验材料、仪器与试剂】

1. 实验材料

新鲜牛乳。

2. 实验仪器

离心机，抽滤装置，精密 pH 试纸或酸度计，电炉，烧杯，温度计。

3. 试剂

（1）95% 乙醇 1200mL。

（2）无水乙醚 1200mL。

（3）0.2mol/L pH4.7 乙酸 – 乙酸钠缓冲液 300mL。

A 液：0.2mol/L 乙酸钠溶液，称取 NaAc·3H$_2$O 54.44g，定容至 2000mL。

B 液：0.2mol/L 乙酸溶液，称取优级纯乙酸（含量 >99.8%）12.0g 定容至 1000mL。

取 A 液 1770mL，B 液 1230mL 混合即得 pH4.7 的乙酸 – 乙酸钠缓冲液 3000mL。

（4）乙醇 – 乙醚混合液　乙醇:乙醚 =1:1（体积比）。

【操作步骤】

1. 酪蛋白的粗提

100mL 牛乳加热至 40℃。在搅拌下慢慢加入预热至 40℃、pH4.7 的乙酸 – 乙酸钠缓冲液 100mL，用精密 pH 试纸或酸度计调 pH 至 4.7。

将上述悬浮液冷却至室温。3000r/min 离心 15min。弃去清液，得酪蛋白粗制品。

2. 酪蛋白的纯化

（1）用水洗涤沉淀 3 次，3000r/min 离心 10min，弃去上清液。

（2）在沉淀中加入 30mL 乙醇，搅拌片刻，将全部悬浊液转移至布氏漏斗中抽滤。用乙醇 – 乙醚混合液洗沉淀 2 次。最后用乙醚洗沉淀 2 次，抽干。

（3）将沉淀摊开在表面皿上，风干，得酪蛋白纯品。

【结果与计算】

准确称重，计算含量和得率。

$$含量 = 酪蛋白（g）/100mL 牛乳$$

$$得率 = \frac{测得含量}{理论含量} \times 100\%$$

式中理论含量为 3.5g/100mL 牛乳。

【注意事项】

（1）由于本法是应用等电点沉淀法来制备蛋白质，故调节牛乳的等电点一定要准确。最好用酸度计测定。

（2）精制过程用乙醚是挥发性、有毒的有机溶剂，最好在通风橱内操作。

（3）目前市面上出售的牛乳是经加工的乳制品，不是纯净牛乳，所以计算时应按产品的相应指标计算。

【思考题】

1. 制备高产率纯酪蛋白的关键是什么？

2. 试设计另一种提取酪蛋白的方法。

实验 13 凝胶色谱法测定蛋白质相对分子质量

【实验目的】

掌握凝胶色谱法测定蛋白质相对分子质量的原理和方法。

【实验原理】

凝胶色谱法是按照溶质分子的大小不同而进行分离的色谱技术。测定生物大分子的相对分子质量是凝胶色谱法的重要用途之一。用于相对分子质量测定的凝胶有交联葡聚糖、琼脂糖和聚丙烯酰胺凝胶等。

根据凝胶色谱的原理，对同一类型化合物的洗脱特征与组分的相对分子质量有关。流过凝胶柱时，按分子大小顺序流出，相对分子质量大的在前面。实验研究表明，在凝胶分离范围之内，蛋白质相对分子质量与洗脱位置之间存在线性对应关系。洗脱体积 V_e 是该物质相对分子质量对数的线性函数，可用下式表示：

$$V_e = k_1 - k_2 \cdot \lg M_r$$

式中 k_1，k_2——常数

M_r——相对分子质量

测定方法有两种。一种是上柱样品中一次包括几个标准蛋白质，洗脱后分出相应的几个峰，根据峰顶端对应的洗脱体积算出各标准蛋白质的 V_e，这样一次过柱就可以制作标准曲线；将已知的标准蛋白质走完后，再在已知标准混合样品中加入未知样品，过柱后出现的新峰就属于未知样品，测出未知样品的 V_e，通过标准曲线找出相应的相对分子质量，这种方法称为内插法。另一种方法是一个标准蛋白过一次柱，经几次过柱后得到对应的 V_e，画出标准曲线；将已知的标准蛋白质走完后，再测未知样品 V_e，求出对应的相对分子质量，这种方法称为外插法。

本实验使用 Sephadex G-75，采用内插法进行。

【实验材料、仪器与试剂】

1. 实验材料

色谱柱（1.2cm×100cm），紫外分光光度计，部分收集器，沸水浴锅，真空泵，试管，烧杯。

2. 试剂

（1）蛋白质标准样品混合液 分别称取牛血清白蛋白（$M_r = 67000$）、鸡卵清蛋白（$M_r = 43000$）、胰凝乳蛋白酶原 A（$M_r = 25000$）、结晶牛胰岛素（pH2 ~ 6 时为二聚体，$M_r = 12000$）各 3.0mg，共同溶于 1mL 0.025mol/L KCl - 0.2mol/L HAc 溶液中。

（2）未知蛋白质样品。

（3）Sephadex G-75 凝胶。

（4）洗脱液 0.025mol/L KCl - 0.2mol/L HAc。

【操作步骤】

1. 凝胶预处理

（1）称取凝胶干粉 12g，放入 250mL 烧杯中，加入过量的水，室温浸泡 24h，或沸水浴浸泡 3h。

（2）溶胀平衡后的凝胶用倾泻法除去细颗粒。具体操作是用搅拌棒将凝胶搅匀（注意不要过分搅拌，以防止颗粒破碎），放置数分钟，将未沉淀的细颗粒随上层水倒掉，浮洗 3～5 次，直至上层没有细颗粒为止。

（3）将浸泡后的凝胶抽干，用 300mL 洗脱液平衡 1h，减压抽气 10min 以除去气泡。

2. 装柱

（1）将色谱柱垂直装好，在柱内先注入 1/5～1/4 的水，底部滤板下段全部充满水，不留气泡，关闭柱出口，出口处接一根长约 1.5cm、直径 2mm 细塑管，塑管另一端固定在柱的上端。

（2）插入一根直径稍小的长玻棒，一直到柱的底部。轻轻搅动凝胶（切勿搅动太快，以免空气再逸入），使其形成均一的薄胶浆，并立即沿玻棒倒入色谱柱内，一边灌凝胶，一边提升玻棒，直至充满整个柱时将玻棒抽出。待底面上积起 1～2cm 的凝胶床后，打开柱出口。

（3）随着下面水的流出，上面不断加凝胶，使形成的凝胶床面上有凝胶的连续下降（如果凝胶床面上不再有凝胶颗粒下降，应该用搅拌棒均匀地将凝胶床搅起数厘米高，然后再加凝胶，不然就会形成界面，不利于以后的工作）。

（4）当凝胶沉淀到距柱的顶端约 6cm 处，可停止装柱。

（5）用眼睛观察柱内凝胶是否均匀，是否有纹路或气泡。若色谱柱不均一，必须重新装柱。

3. 平衡

柱装好后，使色谱床稳定 15～20min，然后连接恒压洗脱瓶出口和色谱柱顶端，用 3～5 倍体积的洗脱液平衡色谱柱，平衡过程中维持操作压在 4.4kPa，如图 2-5 所示。

4. 上样与洗脱

（1）上样前先检查凝胶床面是否平整，如果倾斜不平整，可用玻棒将床面搅浑，让凝胶自然下降，形成水平状态的床面。用毛细吸管小心吸去大部分清液，然后让液面自然下降，直至几乎露出床面。

（2）用吸管将样品非常小心地滴加到凝胶床面上，注意不要将床面凝胶冲起。加完后再打开底端出口，使样品流至床表面。用少量洗脱液同样小心清洗表面 1～2 次，然后将洗脱液在柱内加至约 4cm 高。

（3）连接恒压瓶、色谱柱、部分收集器，让洗脱液恒压（4.9kPa）洗脱，用部分收集器按每管 3mL 收集洗脱流出液，各收集管于

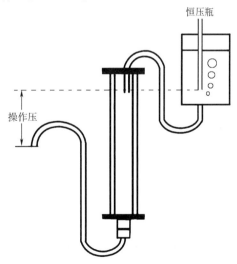

图 2-5　恒压洗脱装置

280nm 处检测 A_{280nm}。

【结果与计算】

（1）以管号（或洗脱液体积）为横坐标，相应管的 A_{280nm} 为纵坐标，绘制洗脱曲线。

（2）根据洗脱峰位量出每种蛋白质的洗脱体积 V_e，然后以蛋白质相对分子质量的对数值（lgM_r）为横坐标，V_e 为纵坐标，作相对分子质量标准曲线。

（3）未知蛋白质样品完全按照标准曲线的条件操作，根据紫外检测获得的洗脱体积，从相对分子质量标准曲线查出相应的相对分子质量。

【注意事项】

（1）各接头不能漏气，连续用的乳胶管不要有破损，否则造成漏气、漏液。

（2）注意恒压瓶的排气管内应无液体，并随着柱下口溶液的流出不断有气泡产生，表示恒压瓶不漏气。

（3）操作过程中，层析柱内液面不断下降，则表示整个系统有漏气之处，应仔细检查并加以纠正。

（4）应始终保持柱内液面高于凝胶表面，否则水分挥发，凝胶变干。也要防止液体流干，使凝胶混入大量气泡，影响液体在柱内的流动，导致分离效果变坏，需重新装柱。

实验 14　SDS - 聚丙烯酰胺凝胶电泳测定蛋白质相对分子质量

【实验目的】

1. 了解 SDS - 聚丙烯酰胺凝胶电泳的基本原理及操作技术。
2. 学习并掌握 SDS - 聚丙烯酰胺凝胶电泳法测定蛋白质相对分子质量的技术。

【实验原理】

SDS - 聚丙烯酰胺凝胶电泳（图 2-6），即十二烷基硫酸钠（SDS） - 聚丙烯酰胺凝胶电泳法。在蛋白质混合样品中各蛋白质组分的迁移率主要取决于分子大小、形状以及所带电荷多少。在聚丙烯酰胺凝胶系统中，加入一定量的十二烷基硫酸钠（SDS），SDS 是一种阴离子表面活性剂，加入到电泳系统中能使蛋白质的氢键和疏水键打开，并结合到蛋白质分子上（在一定条件下，大多数蛋白质与 SDS 的结合比为 1.4g SDS/1g 蛋白质），使各种蛋白质 - SDS 复合物都带上相同密度的负电荷，其数量远超过了蛋白质分子原有的电荷量，从而掩盖了不同种类蛋白质间原有的电荷差别。此时，蛋白质分子的电泳迁移率主要取决于它的相对分子质量大小，而其他因素对电泳迁移率的影响几乎可以忽略不计。

当蛋白质的相对分子质量在 15000～200000 时，电泳迁移率与相对分子质量的对数值呈直线关系，符合下列方程：

$$lgM_r = K - bm_R$$

式中　M_r——蛋白质的相对分子质量

　　　K——常数

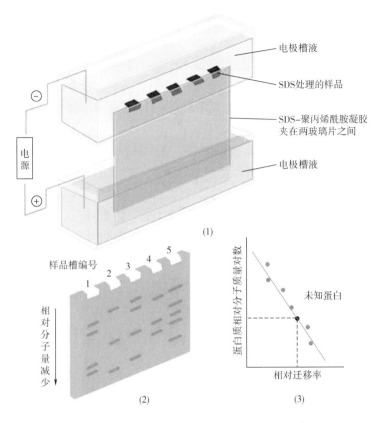

图2-6　SDS-聚丙烯酰胺凝胶电泳分离蛋白

　　b——斜率，在一定条件下为常数

　　m_R——相对迁移率

　　若将已知相对分子质量的标准蛋白质的迁移率对相对分子质量的对数作图，可获得一条标准曲线［图2-6（3）］。未知蛋白质在相同条件下进行电泳，根据它的电泳迁移率即可在标准曲线上求得相对分子质量。

【实验材料、仪器与试剂】

　　1. 实验材料

　　低相对分子质量标准蛋白质按照每种蛋白0.5~1mg/mL样品溶解液配制。可配制成单一蛋白质标准液，也可配成混合蛋白质标准液。

　　2. 实验仪器

　　垂直板型电泳槽，直流稳压电源，50μL或100μL微量注射器，玻璃板，水浴锅，染色槽，烧杯，吸量管，胶头滴管等。

　　3. 试剂

　　（1）分离胶缓冲液（Tris-HCl缓冲液 pH8.9）　　取1mol/L盐酸48mL，三羟甲基氨基甲烷（Tris）36.3g，用无离子水溶解后定容至100mL。

　　（2）浓缩胶缓冲液（Tris-HCl缓冲液 pH6.7）　　取1mol/L盐酸48mL，Tris 5.98g，用

无离子水溶解后定容至 100mL。

（3）3% 分离胶储液　配制方法与连续体系相同，称丙烯酰胺（AM）30g 及 N，N′－甲叉双丙烯酰胺（Bis）0.8g，溶于重蒸水中，最后定容至 100mL，过滤后置棕色试剂瓶中，4℃保存。

（4）10% 浓缩胶储液　称 AM 10g 及 Bis 0.5g，溶于重蒸水中，最后定容至 100mL，过滤后置棕色试剂瓶中，4℃储存。

（5）0.1g/mL SDS 溶液　SDS 在低温易析出结晶，用前微热，使其完全溶解。

（6）0.01g/mL 四甲基乙二胺（TEMED）。

（7）0.1g/mL 过硫酸铵（AP）　现用现配。

（8）电泳缓冲液（Tris－甘氨酸缓冲液 pH8.3）　称取 Tris 6.0g，甘氨酸 28.8g，SDS 1.0g，用无离子水溶解后定容至 1L。

（9）样品溶解液　取 SDS 100mg，巯基乙醇 0.1mL，甘油 1mL，溴酚蓝 2mg，0.2mol/L pH7.2 磷酸缓冲液 0.5mL，加重蒸水至 10mL（按液体样品浓度增加一倍配制），用来溶解标准蛋白质及待测固体。

（10）染色液　0.25g 考马斯亮蓝 G－250，加入 454mL 50% 甲醇溶液和 46mL 乙酸即可。

（11）脱色液　75mL 乙酸，875mL 重蒸水与 50mL 甲醇混匀。

【操作步骤】

1. 安装夹心式垂直板电泳槽

目前，夹心式垂直板电泳槽有很多型号，虽然设置略有不同，但主要结构相同，且操作简单、不易泄漏。可根据具体不同型号要求进行操作。注意：安装前，胶条、玻板、槽子都要洁净干燥；勿用手接触灌胶面的玻璃。

2. 配胶

根据所测蛋白质相对分子质量范围，选择适宜的分离胶浓度。本实验采用 SDS－聚丙烯酰胺凝胶电泳不连续系统，按表 2－12 配制分离胶和浓缩胶。

表 2－12　　　　　　　　　　　　　分离胶和浓缩胶的配制

试剂名称	配制 20mL 不同浓度分离胶所需各种试剂用量/mL				配制 10mL 3% 浓缩胶所需试剂用量/mL
	5%	7.5%	10%	15%	
分离胶储液（30% Acry－0.8% Bis）	3.33	5.00	6.66	10.00	—
分离胶缓冲液（pH8.9 Tris－HCl）	2.50	2.50	2.50	2.50	—
浓缩胶储液（10% Acry－0.5% Bis）	—	—	—	—	3.0
浓缩胶缓冲液（pH6.7 Tris－HCl）	—	—	—	—	1.25
0.1g/mL SDS	0.20	0.20	0.20	0.20	0.10
0.01g/mL TEMED	2.00	2.00	2.00	2.00	2.00

续表

试剂名称	配制 20mL 不同浓度分离胶所需各种试剂用量/mL				配制 10mL 3% 浓缩胶所需试剂用量/mL
	5%	7.5%	10%	15%	
重蒸馏水	11.87	10.20	8.54	5.20	4.60
混匀后，置真空干燥器中，抽气 10min					
0.1g/mL 过硫酸铵（AP）	0.10	0.10	0.10	0.10	0.05

3. 制备凝胶板

（1）分离胶制备　按表 2-12 配制 20mL 10% 分离胶，混匀后用细长头滴管将凝胶液加至长、短玻璃板间的缝隙内，约 8cm 高，用 1mL 注射器取少许蒸馏水，沿长玻璃板板壁缓慢注入，3~4mm 高，进行水封。约 30min 后，凝胶与水封层间出现折射率不同的界线，则表示凝胶完全聚合。倾去水封层的蒸馏水，再用滤纸条吸去多余水分。

（2）浓缩胶的制备　按表 2-12 配制 10mL 3% 浓缩胶，混匀后用细长头滴管将浓缩胶加到已聚合的分离胶上方，直至距离短玻璃板上缘约 0.5cm 处，轻轻将样品槽模板插入浓缩胶内，避免带入气泡。约 30min 后凝胶聚合，再放置 20~30min。待凝胶凝固，小心拔去样品槽模板，用窄条滤纸吸去样品凹槽中多余的水分，将 pH8.3 Tris-甘氨酸缓冲液倒入上、下储槽中，应没过短板约 0.5cm 以上，即可准备加样。

4. 样品处理及加样

各标准蛋白及待测蛋白都用样品溶解液溶解，使浓度为 0.5~1mg/mL，沸水浴加热 3min，冷却至室温备用。处理好的样品液如经长期存放，使用前应在沸水浴中加热 1min，以消除亚稳态聚合。

一般加样体积为 10~15μL（即 2~10μg 蛋白质）。如样品较稀，可增加加样体积。用微量注射器小心将样品通过缓冲液加到凝胶凹形样品槽底部，待所有凹形样品槽内都加入样品，即可开始电泳。

5. 电泳

将直流稳压电泳仪开关打开，开始时将电流调至 10mA。待样品进入分离器时，将电流调至 20~30mA。当蓝色染料迁移至底部时，将电流调回到零，关闭电源。拔掉固定板，取出玻璃板，用刀片轻轻将一块玻璃撬开移去，在胶板一端切除一角作为标记，将胶板移至大培养皿中染色。

6. 染色及脱色

将染色液倒入培养皿中，染色 1h 左右，用蒸馏水漂洗数次，再用脱色液脱色，直到蛋白区带清晰，即用直尺分别量取各条带与凝胶顶端的距离。

【结果与计算】

（1）相对迁移率 m_R = 样品迁移距离（cm）/染料迁移距离（cm）。

（2）以标准蛋白质相对分子质量的对数对相对迁移率作图，得到标准曲线，根据待测样品相对迁移率，从标准曲线上查出其相对分子质量。

【注意事项】

（1）不是所有的蛋白质都能用 SDS - 凝胶电泳法测定其相对分子质量，已发现有些蛋白质用这种方法测出的相对分子质量是不可靠的。包括：电荷异常或构象异常的蛋白质，带有较大辅基的蛋白质（如某些糖蛋白）以及一些结构蛋白如胶原蛋白等。例如组蛋白 H1，它本身带有大量正电荷，因此，尽管结合了正常比例的 SDS，仍不能完全掩盖其原有正电荷的影响，它的相对分子质量是 21000，但 SDS - 凝胶电泳测定的结果却是 35000。因此，最好至少用两种方法来测定未知样品的相对分子质量，互相验证。

（2）有许多蛋白质是由亚基（如血红蛋白）或两条以上肽链（如 α - 胰凝乳蛋白酶）组成的，它们在 SDS 和巯基乙醇的作用下，解离成亚基或单条肽链。因此，对于这一类蛋白质，SDS - 凝胶电泳测定的只是它们的亚基或单条肽链的相对分子质量，而不是完整分子的相对分子质量。为了得到更全面的资料，还必须用其他方法测定其相对分子质量及分子中肽链的数目等，与 SDS - 凝胶电泳的结果互相参照。

【思考题】

1. SDS - 聚丙烯酰胺凝胶电泳与聚丙烯酰胺凝胶电泳原理上有何不同？

2. 用 SDS - 聚丙烯酰胺凝胶电泳测定蛋白质相对分子质量时为什么要用巯基乙醇？

3. 用 SDS - 聚丙烯酰胺凝胶电泳测定蛋白质的相对分子质量，为什么有时和凝胶层析法所得结果有所不同？是否所有的蛋白质都能用 SDS - 聚丙烯酰胺凝胶电泳测定其相对分子质量？为什么？

第四节　酶化学

实验 15　正交法测定多因素对酶活力的影响

【实验目的】

1. 初步掌握正交法（正交试验设计法）的使用。

2. 运用正交法测定底物浓度、酶浓度、温度和 pH 这四种因素对酶活力的影响。

【实验原理】

酶的催化作用是在一定条件下进行的，它受多种因素的影响，如酶浓度、底物浓度、温度、抑制剂和激活剂等都能影响酶催化的反应速度。通常在其他因素恒定的条件下，通过某一因素在一系列变化条件下的酶活力测定求得该因素的影响，这是单因素的试验方法。对于多因素的试验可以通过正交试验设计法（简称正交法）来完成。正交法是借助于正交表，简化表格计算，正确分析结果。找到实验的最佳条件、分清因素的主次，这样就可以通过比较少的实验次数达到好的实验效果。

本实验运用正交法测定底物浓度、酶浓度、温度、pH 这四个因素对酶活性的影响，并求得在什么样的底物浓度、酶浓度、温度和 pH 时酶的活力最大。

【实验材料、仪器与试剂】

1. 实验材料

牛血清白蛋白、牛胰蛋白。

2. 实验仪器

试管及试管架，恒温水浴箱，小漏斗及滤纸，分光光度计，移液管。

3. 试剂

（1）牛血清白蛋白　20mL 蒸馏水中加入牛血清白蛋白 2.2g，尿素 36g，1mol/L。NaOH 溶液 8mL，室温放置 1h，使蛋白质变性。如有不溶物，可过滤除去。再加 0.2mol/L NaH_2PO_4 溶液至 110mL 及尿素 4g，调节溶液 pH 达 7.6 左右。

（2）蛋白酶液　3mg 牛胰蛋白酶冷冻干粉，溶于 10mL 蒸馏水。

（3）15% 三氯乙酸溶液　15g 三氯乙酸溶于蒸馏水、并稀释至 100mL。

（4）1mol/L pH 7、8、9 巴比妥缓冲溶液。

（5）福林（Folin）－酚甲试剂

①4% 碳酸钠溶液；

②0.2% 氢氧化钠溶液；

③1% 硫酸铜溶液；

④2% 酒石酸钾钠溶液。

临用前将①与②等体积配制碳酸钠－氢氧化钠溶液。②与④等体积配制成硫酸铜－酒石酸钾钠溶液。然后把这两种试剂按 50:1 混匀，即成 Folin－酚甲试剂。此试剂临用前配制，一天之内有效。

（6）Folin－酚乙试剂　向 2L 容积的磨口回流瓶中加入 100g 钨酸钠（$Na_2WO_4 \cdot 2H_2O$）、25g 钼酸钠（$NaMoO_4 \cdot 2H_2O$）及 700mL 蒸馏水，再加入 85% 磷酸 50mL 及浓盐酸 100mL，充分混匀后，接上回流冷凝管，以小火回流 10h（烧瓶内加小玻璃珠数颗，以防止溶液沸溢）。回流结束后再加入 150g 硫酸锂（Li_2SO_4），50mL 蒸馏水及液溴数滴，然后开口继续沸腾 15min，以驱除过量的溴，冷却后溶液呈鲜黄色（如仍呈绿色，须再重复滴加溴水的步骤），冷却后加蒸馏水定容至 1000mL，过滤，即成 Folin－酚乙试剂，滤液置于棕色试剂瓶中，可在冰箱内长期保存。若此储存液使用过久，颜色由黄变绿，可加几滴液溴，煮沸数分钟，恢复原色仍能继续使用。

Folin－酚乙试剂储存液在使用前使酸度最终为 1mol/L。可用标准 NaOH 溶液（1mL 左右），以酚酞作指示剂，当溶液颜色由红—紫色—紫—灰墨绿时即为滴定终点。该试剂储存液的酸度应为 2mol/L 左右，将之稀释至相当于 1mol/L 酸度便可使用。

（7）0.1mo/L NaH_2PO_4 溶液。

（8）尿素。

（9）1mol/L NaOH 溶液。

【操作步骤】

1. 试验设计

（1）确定试验因素和水平 本实验取四个因素，即底物浓度 [S]、酶浓度 [E]、温度、pH。每个因素选三个水平（水平即在因素的允许变化范围内，要进行实验的"点"）。实验因素和水平选用表2-13所示。

表2-13   实验设计的因素和水平

实验号	[S]/mL	[E]/mL	温度/℃	pH
1	0.5	0.8	50	7
2	0.2	0.5	37	9
3	0.8	0.2	60	8

注：在实验中，底物浓度和酶浓度由所加入的体积决定，因此单位以 mL 表示。

作因素、水平表时，各因素的水平最好不要按大小顺序排列。

按一般方法，如对四个因素三个水平的各种搭配都要考虑，共需做 $3^4 = 81$ 次试验，而用正交表只需做9次试验。

（2）选择合适的正交表 合适的正交表是指要考察的因素的自由度总和应不大于所选正交表的总自由度（表2-14）。

正交表 Ln（tq）：L—正交表的代号；n—处理数（试验次数）；t—水平数；q—因素数。

表2-14   正交表

水平 试验号	因素			
	1	2	3	4
1	1	1	1	1
2	1	2	2	2
3	1	3	3	3
4	2	1	2	3
5	2	2	3	1
6	2	3	1	2
7	3	1	3	2
8	3	2	1	3
9	3	3	2	1

2. 实验安排

实验安排设计如表2-15所示。

各管均加入15%三氯乙酸溶液 2mL 终止反应。另取试管一支作为非酶对照，即加2%血红蛋白液0.5mL，缓冲液20mL。先加15%三氯乙酸溶液 2mL，摇匀放置10min后再加入酶液0.5mL。将上述酶促和非酶对照各管反应液室温放置15min过滤。滤液保留，用于测定酶活力。酶活力测定：取滤液 0.5mL，加入 Folin – 酚甲试剂 4mL，混匀室温放置 10min，再加 Folin – 酚乙试剂 0.5mL，迅速混匀，于 30℃ 保温 30min 后在 680nm 处测吸光度。

表2-15　　　　　　　　　　　　　　实 验 安 排

试剂	试验号											
	2	4	9	1	6	8	3	5	7	10	11	12
2% 牛血清白蛋白/mL	0.5	0.2	0.8	0.5	0.2	0.8	0.5	0.2	0.8	0.5	0.5	0.5
缓冲溶液/mL	pH9	pH8	pH7	pH7	pH9	pH8	pH8	pH7	pH9	pH7	pH8	pH9
	2	2	2	1.7	2.6	1.7	2.3	2.3	1.4	2	2	2
	37℃预热 5min			50℃预热 5min			60℃预热 5min			37℃预热 5min		
蛋白酶液/mL	0.5	0.8	0.2	0.8	0.2	0.5	0.2	0.5	0.8	0.5	0.5	0.5
	37℃反应 10min			50℃反应 10min			60℃反应 10min			37℃反应 10min		

3. 试验结果及分析

试验做好后，把 9 个数据填入表 2-16 的试验结果栏内，按表中数据计算出各因素的一水平试验结果总和、二水平试验结果总和、三水平试验结果总和，再取平均值（各自被 3 除），最后计算极差。极差是指这一列中最好与最坏值之差，从极差的大小就可以看出哪个因素对酶活力影响最大，哪个影响最小，找出在什么条件下酶活力最高。最后得出直观分析的结论。

表2-16　　　　　　　　　　　　　　实 验 结 果

试验号	因素								实验结果
	1		2		3		4		$A_{680\,nm}$
	C_s/mL		C_E/mL		温度/℃		pH		
1	1	0.5	1	0.8	1	50	1	7	
2	1	0.5	2	0.5	2	37	2	9	
3	1	0.5	3	0.2	3	60	3	8	
4	2	0.2	1	0.8	2	37	3	8	
5	2	0.2	2	0.5	3	60	1	7	
6	2	0.2	3	0.2	1	50	2	9	
7	3	0.8	1	0.8	3	60	2	9	
8	3	0.8	2	0.5	1	50	1	8	
9	3	0.8	3	0.2	2	37	3	7	

Ⅰ（一水平实验
结果总和）

Ⅱ（二水平实验
结果总和）

续表

试验号	因素				实验结果
	1 C_v/mL	2 C_k/mL	3 温度/℃	4 pH	$A_{680\,nm}$
Ⅲ（三水平实验 结果总和）					
Ⅰ/3					
Ⅱ/3					
Ⅲ/3					
极差					

以 A 值（Ⅰ/3，Ⅱ/3，Ⅲ/3）为纵坐标，因素的水平数为横坐标作图。

【思考题】

设计正交试验应注意哪些方面？

实验16　枯草芽孢杆菌蛋白酶活力测定

【实验目的】

1. 学习测定蛋白酶活力的方法。

2. 掌握722型或721型分光光度计的原理和使用方法。

3. 学习绘制标准曲线的方法。

【实验原理】

福林-酚试剂是磷钨酸和磷钼酸的混合物，它在碱性条件下极不稳定，可被酚类化合物还原产生蓝色（钼蓝和钨蓝的混合物）。

酪蛋由经蛋白酶作用后产生的酪氨酸可与福林-酚试剂反应，所生成的蓝色化合物由分光光度法测定。

【实验仪器与试剂】

1. 实验仪器

试管及试管架，吸管，漏斗，恒温水浴，722型（或721型）分光光度计。

2. 试剂

（1）酚试剂400mL　于2000mL磨口回流装置内加入钨酸钠（$Na_2WO_4 \cdot 2H_2O$）100g，钼酸钠（$Na_2MoO_4 \cdot 2H_2O$）25g，水700mL，85%磷酸50mL，浓盐酸100mL。微火回流10h后加入硫酸锂150g，蒸馏水50mL和溴数滴摇匀。煮沸约15min，以驱逐残溴，溶液呈黄色。冷却后定容至1000mL。过滤，置于棕色瓶中保存。使用前用氢氧化钠标定，加水稀释至1mol/L（约加1倍水）。

（2）0.55mol/L 碳酸钠溶液 2000mL。

（3）10% 三氯乙酸溶液 150mL。

（4）0.5% 酪蛋白溶液 100mL　称取酪蛋白 2.5g。用 0.5mol/L 的氢氧化钠溶液 4mL 润湿，加 0.02mol/L pH 7.5 磷酸缓冲液少许，在水浴中加热溶解。冷却后，用上述缓冲液定容至 500mL。此试剂临用时配制。

（5）0.02mol/L pH 7.5 磷酸缓冲液 200mL　称取磷酸氢二钠（$Na_2HPO_4 \cdot 12H_2O$）71.64g，用水定容至 1000mL 为 A 液。称取磷酸二氢钠（$NaH_2PO_4 \cdot 2H_2O$）31.21g，用水定容至 1000mL 为 B 液。取 A 液 840mL、B 液 160mL，混合后即成 0.2mol/L pH 7.5 磷酸缓冲液。临用时稀释 10 倍。

（6）500μg/mL 酪氨酸溶液 200mL　精确称取烘干的酪氨酸 100mg，用 0.2mol/L 盐酸溶液溶解，定容至 100mL，临用时用水稀释 10 倍，再分别配制成几种 10~60μg/mL 浓度的酪氨酸溶液。

（7）酶液 100mL　称取 1g 枯草芽孢杆菌中性蛋白酶的酶粉，用少量 0.02mol/L pH 7.5 的磷酸缓冲液溶解，然后用同一缓冲液定容至 100mL。振摇约 15min，使其充分溶解，然后用干纱布过滤。此酶液可在冰箱中保存一周。

【操作步骤】

1. 绘制标准曲线

取不同浓度（10~60μg/mL）酪氨酸溶液各 1mL 于 6 支试管并编号，取 1mL 蒸馏水于第 7 只试管（做对照），分别加入 0.55mol/L 碳酸钠溶液 5mL，酚试剂 1mL；置 30℃ 恒温水浴中显色 15min，用分光光度计在 680nm 处测吸光度，以吸光度为纵坐标，以酪氨酸的质量（μg）为横坐标，绘制标准曲线。

2. 酶活力的测定

（1）吸取 0.5% 酪蛋白溶液 2mL 置于试管中，在 30℃ 水浴中预热 5min 后加入预热（30℃，5min）的酶液 1mL，立即计时。反应 10min 后，由水浴取出，并立即加入 10% 三氯乙酸溶液 3mL，放置 15min（室温）后，用滤纸过滤并除去初滤液。同时另做一对照管，即取酶液 1mL 先加入 3mL 10% 的三氯乙酸溶液，然后再加入 0.5% 酪蛋白溶液 2mL，30℃ 保温 10min，放置 15min（室温），过滤并除去初滤液。

（2）取 3 支试管并编号，分别加入样品滤液、对照滤液和水各 1mL，然后各加入 0.55mol/L 的碳酸钠溶液 5mL，混匀后再各加入酚试剂 1mL，立即混匀，在 30℃ 显色 15min。以加水的一管作为空白对照，在 680nm 处测对照及样品组的吸光度。

3. 计算酶活力

规定在 30℃、pH7.5 的条件下，水解酪蛋白每 1min 产生的酪氨酸 1μg 为一个酶活力单位。则 1g 枯草芽孢杆菌中性蛋白酶在 30℃、pH7.5 的条件下所具有的酶活力单位为：

$$酶活力单位数(U) = (A_样 - A_对) \cdot K \cdot (V/t) \cdot N$$

式中　$A_样$——样品液光吸收值

　　　$A_对$——对照液光吸收值

　　　K——标准曲线上吸光度为 1 时的酪氨酸质量，μg

　　　t——酶促反应的时间，min，本试验 $t = 10$

V——酶促反应管的总体积，mL，本试验取 6

N——酶液稀释倍数，本实验 $N = 1$

【思考题】

使用分光光度计测定吸收值应该注意什么？

实验 17　脲酶米氏常数的简易测定

【实验目的】

掌握测定米氏常数（K_m）的原理和方法，学习并掌握一般的数据处理方法。

【实验原理】

脲被脲酶催化分解，产生碳酸铵，碳酸铵在碱性溶液中与奈氏（Nessler）试剂作用产生橙黄色的碘化双汞铵，在一定范围内其呈色深浅与碳酸铵量成正比，故用比色法可测定单位时间内所产生的碳酸铵量，从而求得酶促反应速度。其反应如下：

$$O=C \begin{matrix} NH_2 \\ \\ NH_2 \end{matrix} + 2H_2O \xrightarrow{\text{脲酶}} (NH_4)_2CO_3$$

$$(NH_4)_2CO_3 + 8NaOH + 4(KI)_2HgI_2 \rightarrow 2O \begin{matrix} Hg \\ \diamond \\ Hg \end{matrix} NH_2I + 6NaI + 8KI + Na_2CO_3 + 6H_2O$$

在保持恒定的合适条件（时间、温度及 pH）下，以同一浓度的脲酶催化不同浓度的脲分解，于一定限度内，酶促反应速度与脲浓度成正比，因此，以酶促反应速度倒数（$1/v$）为纵坐标、脲浓度倒数（$1/C_s$）为横坐标，用双倒数作图法得到脲酶的 K_m。

【实验材料、仪器与试剂】

1. 实验材料

大豆粉，脲液。

2. 实验仪器

721 型分光光度计，恒温水浴锅，离心机。

3. 试剂

（1）不同浓度脲液　将 1/10mol/L 脲稀释至 1/20mol/L、1/30mol/L、1/40mol/L、1/50mol/L 等，得到不同浓度的脲液。

（2）磷酸盐缓冲液（pH 7.0）。

（3）10% 硫酸锌溶液。

（4）0.5mol/L NaOH 溶液。

（5）10% 酒石酸钾钠溶液。

（6）奈氏试剂　称取5g KI，溶于5mL蒸馏水中，加入饱和氯化汞溶液（100mL水约溶解5.7g氯化汞），并不断搅拌，直至产生的朱红色沉淀不再溶解时，再加40mL 50% NaOH溶液，稀释至100mL，混匀，静置过夜，倾出上清液储于棕色瓶中。

（7）0.005mol/L硫酸铵标准溶液。

（8）30%乙醇溶液。

【操作步骤】

1. 脲酶的提取

称取大豆粉1g，加入30%的乙醇25mL，充分摇匀后，置于冰箱中过夜，次日用2000r/min离心3min，取上清液备用。

2. 标准曲线的制作

按表2-17加入试剂后，立即摇匀各管，于460nm下比色，1号管为对照管。

表2-17　　　　　　　　　　制作标准曲线各试管中所加试剂　　　　　　　　　　单位：mL

管号	硫酸铵	蒸馏水	氢氧化钠	酒石酸钾钠	奈氏试剂
1	0	5.8	0.2	0.5	1.0
2	0.1	5.7	0.2	0.5	1.0
3	0.15	5.65	0.2	0.5	1.0
4	0.20	5.6	0.2	0.5	1.0
5	0.25	5.55	0.2	0.5	1.0
6	0.30	5.5	0.2	0.5	1.0

3. 酶促反应速度的测定

按表2-18加入试剂，摇匀，静置5min后，于3000r/min离心5min，取上清液，按表2-19添加试剂，迅速混匀，于460nm处测吸光度，5号为对照管。

表2-18　　　　　　　　　　　　　测定酶促反应速度的操作方法

管号	脲浓度 mol/L	脲加入量/mL	磷酸缓冲液/mL	保温时间	脲酶加入量/mL	煮沸后加入脲酶/mL	保温时间	硫酸锌/mL	蒸馏水/mL	氢氧化钠/mL
1	0.050	0.20	0.60		0.20	—		0.50	3.0	0.5
2	0.033	0.20	0.60	37℃水浴保温5min	0.20	—	37℃水浴保温5min	0.50	3.0	0.5
3	0.025	0.20	0.60		0.20	—		0.50	3.0	0.5
4	0.020	0.20	0.60		0.20	—		0.50	3.0	0.5
5	0.020	0.20	0.60		—	0.20		0.50	3.0	0.5

表 2-19 上清液中添加的试剂　　　　　　　　　　　单位：mL

管号	上清液	蒸馏水	酒石酸钾钠	奈氏试剂
1	2.0	4.0	0.50	1.0
2	2.0	4.0	0.50	1.0
3	2.0	4.0	0.50	1.0
4	2.0	4.0	0.50	1.0
5	2.0	4.0	0.50	1.0

从标准曲线方程中得出脲酶作用于不同浓度尿素生成碳酸铵的量，然后以取单位时间碳酸铵生成量的倒数即 $1/v$ 为纵坐标，以对应的尿素浓度的倒数即 $1/[C_s]$ 为横坐标，应用最小二乘法公式，求出方程，计算 K_m。

【思考题】

K_m 的物理意义是什么？为什么要用酶反应的初速度计算 K_m？本实验的关键是什么？

实验 18　多酚氧化酶的纯化和活力测定

【实验目的】

1. 学习多酚氧化酶的提取和纯化方法。

2. 掌握多酚氧化酶活力测定的原理和方法。

【实验原理】

很多植物受到机械损伤时在空气中会逐渐变成褐色，这是损伤时植物细胞破碎，原来彼此分开的多酚氧化酶和多酚类物质接触反应的结果。反应式如下：

多酚氧化酶（polyphenoloxidase，PPO）是一种含酮酶，多酚氧化酶能够催化酚类物质转变成醌。研究表明，植物组织的褐变主要是 PPO 作用于天然底物酚类物质所致。

【实验材料、仪器与试剂】

1. 实验材料

梨。

2. 实验仪器

组织匀浆机，漏斗，滤纸，分光光度计。

3. 试剂

0.025mol/L 磷酸钾缓冲液（pH7.2），0.15mol/L 儿茶酚溶液，10mmol/L Tris - HCl 溶液（pH8.3），硫酸铵。

【操作步骤】

1. 多酚氧化酶（PPO）的提取

（1）丙酮粉制备　取果肉组织100g，加入200mL丙酮（-20℃左右），用高速组织捣碎机匀浆5min，混合液用中速滤纸在漏斗架上过滤，残渣用丙酮反复冲洗，过滤，直至成为白色粉末，此粉末即为丙酮粉。

（2）酶液制备　称取1g丙酮粉，加入20mL 0.025mol/L磷酸缓冲液（pH7.2），0℃下用磁力搅拌器匀浆30min，在12000r/min下离心30min，取上清液，得粗酶提取液。

2. 多酚氧化酶（PPO）的纯化

向上述酶液中加入$(NH_4)_2SO_4$至成为80%饱和溶液，搅拌30min，过夜，于12000r/min离心30min，沉淀溶于0.025mol/L磷酸缓冲液中（pH7.2），对10mmol/L Tris-HCl溶液（pH8.3）透析18h，期间更换3次，即为纯化多酚氧化酶。

3. 多酚氧化酶（PPO）活力的测定

以儿茶酚为底物，在1cm的比色杯中加入2.75mL 0.025mol/L磷酸缓冲液（pH7.2），0.1mL 0.1mol/L儿茶酚溶液，混匀，室温下放置3min后，加入0.1mL酶液，5s后开始扫描、检测1min内$A_{420\,nm}$值的变化，酶活性以每分钟吸光度改变0.001所需的酶量为1个活力单位。

【注意事项】

多酚氧化酶易失活，提取酶时宜在低温下进行。

【思考题】

简述酶促褐变的机制。

实验19　酶联免疫吸附测定

【实验目的】

1. 学习酶联免疫吸附法测定（enzyme linked immunosorbent assay，ELISA）原理。
2. 掌握酶联免疫吸附测定技术。

【实验原理】

酶联免疫吸附实验是将待测抗原或抗体（或与待测抗原或抗体特异性结合的成分）结合到固相载体上，再通过免疫酶的结合和底物显色过程进行检测。根据免疫吸附剂的制备和操作步骤不同，可将ELISA分为以下几种。

1. 直接法

用于检测抗原或抗体（特别是总抗体的浓度）。当用于检测抗原时：

（1）待测抗原适当稀释，采用不同稀释度的待测样品包被酶标反应板，孵育后洗涤。

（2）封闭酶标板，孵育后洗涤。

（3）加入酶标抗体，孵育后洗涤。

（4）加入酶底物，测定酶促反应强度。

当用于检测抗体（待测样品中的总抗体）时：

（1）待测抗体适当稀释，采用不同稀释度的待测样品包被酶标反应板，孵育后洗涤。

（2）封闭酶标板，孵育后洗涤。

（3）加入酶标抗免疫球蛋白抗体（或对应抗原），孵育后洗涤。

（4）加入酶底物，测定酶促反应强度。

2. 间接法

用于测定抗体（抗特定抗原成分的特异性抗体）。

（1）用有关抗原包被酶标反应板，孵育后洗涤。

（2）用封闭液封闭酶标反应板，孵育后洗涤。

（3）加入待测样品，孵育后洗涤。

（4）加入酶标记的第二抗体［或第二抗体替代物，如酶标金黄色葡萄球菌 A 蛋白（SPA）等］，孵育后洗涤。

（5）加入酶底物溶液，测定酶促反应强度。

3. 双抗体夹心法

主要用于测定大分子抗原。

（1）用纯化的特异性抗体或含有特异性抗体的抗血清包被酶标反应板，孵育后洗涤。

（2）封闭液封闭酶标反应板，孵育后洗涤。

（3）加入待测样品，孵育后洗涤。

（4）加入酶标记的特异性抗体，孵育后洗涤。

（5）加入酶底物，测定酶促反应强度。

4. 双夹心法

本法应用范围同双抗体夹心法，其优点是避免了对特异性抗体的标记，缺点是增加了操作步骤，所以测定时间较长。

（1）用纯化的某种动物特异性抗体或含有特异性抗体的抗血清包被酶标反应板，孵育后洗涤。

（2）用封闭液封闭酶标反应板，孵育后洗涤。

（3）加入待测样品，孵育后洗涤。

（4）加入与包被酶标板不同种动物的特异性抗体，孵育后洗涤。

（5）加入抗第二种动物特异性抗体的酶标抗体，孵育后洗涤。

（6）加入酶底物，测定酶促反应强度。

本实验以间接 ELISA 测定抗体量（效价）。

【实验材料、仪器与试剂】

1. 实验材料

聚苯乙烯微量反应板（96 孔），抗原，抗体，酶标记第二抗体。

2. 实验仪器

酶标仪，恒温箱等。

3. 实验试剂

（1）包被缓冲液（pH = 9.6，0.05mol/L 碳酸盐缓冲液）　　Na$_2$CO$_3$ 1.59g，NaHCO$_3$

2.98g，溶于1000mL双蒸水中。

（2）洗涤缓冲液（pH = 7.4，0.15mol/L PBS）　$KH_2PO_4 \cdot H_2O$ 0.2g，$Na_2HPO_4 \cdot 12H_2O$ 2.9g，NaCl 8.0g，KCl 0.2g，吐温（Tween）- 20 0.50mL，加双蒸水至1000mL。

（3）终止液（2mol/L H_2SO_4）　双蒸水178.3mL，加浓硫酸至200mL，在水中逐滴沿壁加入浓硫酸，边加边搅拌。

（4）pH5.0、磷酸盐 - 柠檬酸缓冲液

①甲液：柠檬酸19.2g，溶解于无离子水，最后定容为1000mL。

②乙液：$Na_2HPO_4 \cdot 12H_2O$ 71.39g用离子水溶解后，定容为1000mL。

取甲液28.0mL，加入乙液22.0mL，用无离子水定容至100mL。

（5）底物试剂　邻苯二胺10mg溶解于pH 5.0、磷酸盐 - 柠檬酸缓冲液25mL中，再加入30% H_2O_2 0.4mL（每次使用前临时配制）。

【操作步骤】

（1）包被　取洗净、干燥的聚苯乙烯板，用包被液（pH 9.6，0.05mol/L碳酸盐缓冲液）将所用抗原稀释至所需浓度（预先测定后确定），于聚苯乙烯板每孔内加入200μL，盖好，置4℃过夜。

（2）洗涤　次日，除去孔内抗原溶液，用洗涤液冲洗孔3～4次，每次3min，然后去净洗涤液。

（3）加入待测抗体（第一抗体）　将待测抗体做不同倍数的稀释，然后于每孔内分别依次加入不同稀释倍数的抗体稀释液200μL，平板置37℃恒温箱保温1～2h或4℃过夜。

（4）洗涤　反应完毕，用洗涤液冲洗孔3次，每次3min，去净洗涤液。

（5）加入酶标第二抗体　将酶标第二抗体稀释至所需浓度，于每孔中加入200μL，放入37℃恒温箱中保温30min。反应完毕，如前所述用洗涤液冲洗平板。

（6）加入底物试剂　在冲洗好的平板中每孔加入底物试剂200μL，将平板置于37℃恒温箱保温15min。

（7）终止反应　于每孔中加入50μL终止液，终止反应。

（8）测定　用酶标比色计（波长510nm）读取各孔溶液的吸光度。

【注意事项】

（1）反应各步均应充分洗涤，以除去残留物，减少非特异性吸附。为使结果重复性好，应固定洗涤次数及放置时间，切忌振荡或相互污染。

（2）为使显色反应便于比较，显色后置室温暗处的时间应一致，终止反应3～5min后应立即比色。必要时可设阳性对照，以固定显色及终止时间。

【思考题】

简述ELISA测定原理及其影响因素。

第五节　核酸化学

实验20　离子交换柱层析分离核苷酸

【实验目的】

学习离子交换柱层析法分离核苷酸的原理及方法。

【实验原理】

离子交换作用一般是指在固相和液相之间发生的可逆的离子交换反应，它可用于分离各种可解离的物质。通常离子交换剂是在一种高分子的不溶性母体上引入若干活性基团。这种人工合成的离子交换剂具有各种各样的性能。作为不溶性母体的高分子有树脂、纤维素、葡聚糖、琼脂糖或无机聚合物等，引入的活性基团可以是酸性基团，如强酸型的含有磺酸基（—SO_3H）、中强酸型的含磷酸基（—PO_3H_2）、亚磷酸基（—PO_2H）、弱酸型的含有羧基（—COOH）或酚羟基（—OH）等。也可以是碱性基团，如强碱型的含季铵 [—N^+（CH_3）$_3$]、弱碱型的含叔胺 [—N（CH_3）$_2$]、仲胺（—$NHCH_3$）、伯胺（—NH_2）等。

在一定条件下，离子交换树脂吸附的物质数量和在溶液中的物质数量达到平衡时，二者数量之比称为分配系数（平衡常数）。理想的情况是洗脱曲线和分配系数相符合，待分离的各种物质的分配系数，应有足够的差别，以 K_d 表示分配系数：

$$K_d = \frac{M_s}{M_L}$$

式中　M_s——单位质量离子交换树脂中溶质的物质的量，mol

　　　M_L——单位体积溶液中溶质的物质的量，mol

当有 A、B 两种溶质进行离子交换柱层析时，吸附在离子交换树脂上的溶质为高浓度的竞争性离子所交换并被洗脱下来。溶质的迁移速度与分配系数成反比，因此，由原点到 A、B 两种物质波峰间距离的比值决定于它们分配系数的比值。各波峰的幅度和形状由柱长及其他因素（如交换树脂颗粒的大小形状、交联度、流速等）所决定。

溶质的分配系数不仅与其电荷有关，也受它与离子交换树脂的非极性亲和力以及二者之间的空间关系等因素的影响。

在一定条件下，离子交换树脂对不同单核苷酸的吸附能力是不同的。因此，选择适当类型的离子交换树脂，控制吸附及洗脱的条件便可分离各种单核苷酸。

为了增加单核苷酸在离子交换树脂上的吸附能力，需要注意以下两点：①控制条件，使单核苷酸带上大量相应的电荷。这主要是通过调节 pH，使单核苷酸的一些可解离基团（磷酸基、氨基、烯醇基）解离，四种单核苷酸相对分配系数与 pH 的关系如图 2-7 所示。②减少上柱溶液中除单核苷酸外的其他离子的强度。洗脱时则相反：使被吸附的单核苷酸的相应电荷降低；增加洗脱液中竞争性的离子的强度，必要时提高温度使离子交换树脂对单核苷酸的非极性吸引作用减弱。

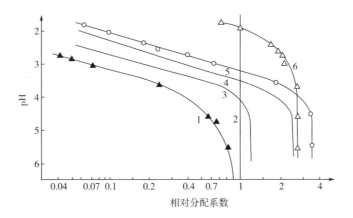

图2-7　四种单核苷酸相对分配系数与 pH 的关系 （阴柱分离法）

1—胞嘧啶核苷酸　2—尿嘧啶核苷酸　3，4，5—分别为 5′-，2′-，3′-腺嘌呤核苷酸　6—鸟嘌呤核苷酸

RNA 可被碱水解成 2′- 或 3′- 核苷酸。可利用阳离子交换树脂（聚苯乙烯 - 二乙烯苯，磺酸型）或阴离子交换树脂（聚苯乙烯 - 二乙烯苯，季铵碱型）分离单核苷酸。本实验利用强碱型阴离子交换树脂（强碱型 201 ×8、强碱型 201 ×7、国产 717、Dowex1、Amberlite IRA -400 或 Zerolit FF 等）将各类核苷酸分开，测定核苷酸的紫外吸收光谱的比值：A_{250nm}/A_{260nm}、A_{280nm}/A_{260nm}、A_{290nm}/A_{260nm}，对照标准比值（表 2-20），可以确定其为何种核苷酸，同时也能算出 RNA 中核苷酸的相对摩尔比。

表 2-20　　　　　　　　　　　　　部分核苷酸的物理常数

核苷酸	相对分子质量	异构体	紫外吸收光谱性质							
			摩尔消光系数 $\varepsilon_{260} \times 10^{-3}$		吸光度比值					
					A_{250}/A_{260}		A_{280}/A_{260}		A_{290}/A_{260}	
			pH2	pH7	pH2	pH7	pH2	pH7	pH2	pH7
腺嘌呤核苷 -2′-、-3′- 或 -5′- 磷酸	347.2	2′	14.5	15.3	0.85	0.8	0.23	0.15	0.038	0.009
		3′	14.5	15.3	0.85	0.8	0.23	0.15	0.038	0.009
		5′	14.5	15.3	0.85	0.8	0.23	0.15	0.03	0.009
鸟嘌呤核苷 -2′-、-3′- 或 -5′- 磷酸	363.2	2′	12.3	12.0	0.90	1.15	0.68	0.68	0.48	0.285
		3′	12.3	12.0	0.90	1.15	0.68	0.68	0.48	0.285
		5′	11.6	11.7	1.22	1.15	0.68	0.68	0.40	0.28
胞嘧啶核苷 -2′-、-3′- 或 -5′- 磷酸	323.2	2′	6.9	7.75	0.48	0.86	1.83	0.86	1.22	0.26
		3′	6.9	7.6	0.46	0.84	2.00	0.93	1.45	0.30
		5′	6.3	7.4	0.46	0.84	2.10	0.99	1.55	0.30
尿嘧啶核苷 -2′-、-3′- 或 -5′- 磷酸	324.2	2′	9.9	9.85	0.79	0.85	0.30	0.25	0.03	0.02
		3′	9.9	9.9	0.74	0.83	0.33	0.25	0.03	0.02
		5′	9.9	9.9	0.74	0.73	0.38	0.40	0.03	0.03

【实验仪器与试剂】

1. 实验仪器

玻璃柱（内径1.1cm、高20cm），下口瓶，部分收集器，紫外分光光度计，紫外检测仪，恒温水浴锅。

2. 试剂

（1）RNA（酵母RNA，商品）。

（2）强碱型阴离子交换树脂201×8（聚苯乙烯–二乙烯苯、三甲胺季铵碱型，全交换量＞3mmol/g干树脂，100~200目）　用水浸泡并利用浮选法除去细小颗粒，使用时先用0.5mol/L氢氧化钠溶液浸泡1h，以除去碱溶性杂质，然后用无离子水洗至中性。再用1mol/L盐酸浸泡0.5h，除去酸溶性杂质，再用无离子水洗至中性，然后用1mol/L甲酸钠溶液浸泡，使树脂转变成甲酸型。将树脂装入柱内，继续用1mol/L甲酸钠溶液洗，直到流出液中不含氯离子（用1%硝酸银溶液检查）。最后用1mol/L甲酸洗，直到260nm处吸光度＜0.020，并用蒸馏水洗至接近中性，即可使用，装置见图2-8。

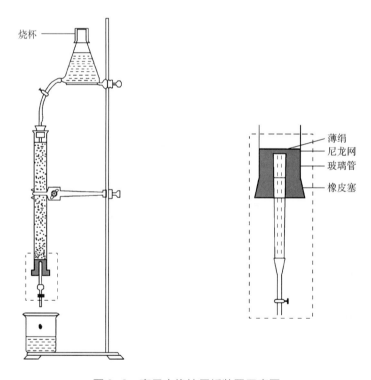

图2-8　离子交换柱层析装置示意图

（3）1mol/L甲酸　取21.4mL 88%甲酸定容至500mL。

（4）1mol/L甲酸钠溶液　称取34.15g甲酸钠用水溶解定容至500mL。

（5）0.02mol/L甲酸　取10mL 1mol/L甲酸定容至500mL。

（6）0.15mol/L甲酸　取75mL 1mol/L甲酸定容至500mL。

（7）0.01mol/L甲酸–0.05mol/L甲酸钠溶液（pH4.44）　取5mL 1mol/L甲酸、25mL 1mol/L甲酸钠溶液定容至500mL。

（8）0.1mol/L 甲酸 – 0.1mol/L 甲酸钠溶液（pH3.74）　取 50mL 1mol/L 甲酸、50mL 1mol/L 甲酸钠溶液定容至 500mL。

（9）0.3mol/L 氢氧化钾溶液　取 1.68g 氢氧化钾用水溶解定容至 100mL。

（10）2mol/L 过氯酸　取 17mL 70% ~ 72% 过氯酸定容至 100mL。

（11）1mol/L 盐酸。

（12）0.5mol/L 氢氧化钠溶液。

【操作步骤】

1. 样品处理

取 20mg 酵母 RNA，溶于 2mL 0.3mol/L 氢氧化钾溶液中，于 37℃水解 20h，RNA 在碱作用下水解生成单核苷酸，水解完成后，用 2mol/L 过氯酸溶液调至 pH 2 以下，以 4000r/min 离心 10min，取上清液，用 2mol/L 氢氧化钠溶液调至 pH8，并用紫外分光光度计准确测得含量后待用。

2. 离子交换柱的安装

取内径 1.1 ~ 1.2cm、高 20cm 的玻璃管柱。下端橡皮塞中央插入一玻璃滴管供收集流出液，橡皮塞上盖以尼龙网和薄绢以防止离子交换树脂流出（图 2-8）。

将处理好的强碱型阴离子交换树脂悬浮液一次倒入玻璃柱内，使树脂自由沉降至柱下部，用一小片圆滤纸盖在树脂面上。缓慢放出液体，使液面降至滤纸片下树脂面上（注意在整个操作过程中防止液面低于树脂，当液面低于树脂表面时空气将进入，在树脂柱内形成气泡，妨碍层析结果）。经沉积后离子交换树脂柱床高 7 ~ 8cm。

3. 加样

将 RNA 水解液小心地用滴管加到离子交换树脂柱上，待样品液面降低到滤纸片内时，用 50mL 蒸馏水淋洗树脂柱。碱基、核苷及其他不被阴离子交换树脂吸附的杂质均被洗出。

4. 核苷酸混合物的洗脱

收集蒸馏水洗脱液，在紫外分光光度计上测 260nm 处吸光度，待洗脱液不含紫外吸收物质（吸光度 < 0.020）时，可用甲酸及甲酸钠溶液进行洗脱。

依次用下列洗脱液分段洗脱，500mL 0.02mol/L 甲酸；500mL 0.15mol/L 甲酸；500mL 0.01mol/L 甲酸 – 0.05mol/L 甲酸钠溶液（pH4.44）；最后用 500mL 0.1mol/L 甲酸 – 0.1mol/L 甲酸钠溶液（pH3.74）。用部分收集器收集流出液，控制流速 8mL/10min，8mL/管。

5. 由层析柱所得各部分洗脱液的分析

以相应浓度的甲酸或甲酸钠溶液作为空白对照，用紫外分光光度计测定各管溶液在 260nm 波长处吸光度，以洗脱液体积（或管数）为横坐标，吸光度为纵坐标作图，分析各部分的波峰位置（图 2-9）。

【结果与计算】

根据各部分核苷酸在不同波长时吸光度的比值（A_{250nm}/A_{260nm}，A_{280nm}/A_{260nm}，A_{290nm}/A_{260nm}），对照标准比值（表 2-20）以及洗脱时相对位置，确定其为何种核苷酸。由洗脱液的体积和它们在紫外部分的吸光度，计算各种核苷酸的含量。

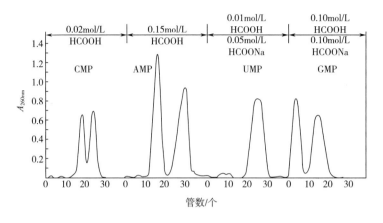

图 2-9　从强碱型 201×8 树脂分离酵母 RNA 水解产物曲线

实验21　核酸含量的测定

一、紫外吸收法测定核酸含量

【实验目的】

1. 学习紫外分光光度法测定核酸含量的原理。
2. 熟悉紫外分光光度计的基本原理及使用方法。

【实验原理】

在核酸、核苷酸、碱基及其衍生物的组成成分中都含有嘌呤、嘧啶碱基，这些碱基都具有共轭双键，它能强烈吸收 250～280nm 波段的紫外光。不同的碱基、核苷酸都有特征的吸收峰，定性鉴定各种苷酸类物质时可测定它们在几个特定波长下的紫外吸收值，然后根据 A 的比值来判断为何种碱基或核苷酸。例如，胎盘核糖核酸酶抑制剂 placental ribonuclease inhibitor，PRI）存在时，尿嘧啶苷酸（UMP）、腺嘌呤苷酸（AMP）、鸟嘌呤苷酸（GMP）、胞嘧啶苷酸（CMP）的最大吸收峰分别在 261nm、257nm、256nm、281nm 波长处，根据 A 比值（A_{250nm}/A_{260nm}，A_{280nm}/A_{260nm}，A_{290nm}/A_{260nm}）来进行定性鉴定。

核酸（DNA 和 RNA）的特征性紫外吸收峰在 260nm 波长处，这样可通过测定核酸在 260nm 波长处的吸光度来计算核酸的含量。本实验采用比消光系数法测定核酸的含量。在 260nm 波长下，含 1μg/mL RNA 的溶液的吸光度约为 0.020，故测定未知浓度的 DNA 或 RNA 溶液在 260nm 波长处的吸光度，即可计算出该核酸的含量。

紫外吸收法简便、迅速、灵敏度高，不消耗样品。对于含有微量蛋白质的核酸样品，测定误差较小。RNA 的 260nm 与 280nm 吸收度比值在 2.0 以上；DNA 的 260nm 和 280nm 吸收度比值在 1.9 左右，当样品中蛋白质含量较高时，吸光度比值下降。若样品内混杂大量的核苷酸或蛋白质等能吸收紫外光的物质，则测定误差较大，应先除去。

【实验材料、仪器与试剂】

1. 实验材料

未知核酸样品。

2. 实验仪器

分光光度计，离心管，离心机，量筒（50mL），分析天平，烧杯（50mL），冰箱或冰浴，烧杯（50mL、100mL），吸量管（1mL、2mL），玻棒、滴管，广泛 pH 试纸。

3. 试剂

（1）高氯酸－钼酸铵沉淀剂　含 0.25% 钼酸铵的 2.5% 高氯酸溶液。例如，需配制 200mL，可在 193mL 蒸馏水中加入 7mL 70% 高氯酸和 0.5g 钼酸铵。

（2）5%～6% 氨水。

【操作步骤】

（1）用分析天平准确称取待测核酸样品 0.25g，先用少量蒸馏水调成糊状，再加约 30mL 蒸馏水，用 5% 氨水调 pH 到 6，助溶，待全部溶解后转移至容量瓶内，以水定容至 50mL，配制成 5g/L 的溶液。

（2）取 2 支离心管，甲管加入 2mL 浓度为 5g/L 样品溶液和 2mL 蒸馏水；乙管内加 2mL 浓度为 5g/L 的样品溶液，再加 2mL 过氯酸－钼酸铵沉淀剂以除去大分子的核酸作为对照管。摇匀后在冰箱或冰浴放置 30min 使沉淀完全。然后以 3000r/min 离心 10min。分别吸取上清液 1mL 于 2 只容量瓶内，以蒸馏水定容到 100mL。

（3）上述甲、乙两稀释液于紫外分光光度计上以蒸馏水作为空白对照，用光程为 1cm 的石英比色杯，于 260nm 波长处测其光吸收值，分别记为 A_1 和 A_2。

【结果与计算】

样品中核酸的含量按下式计算：

$$\text{样品中 DNA（RNA）的含量} = \frac{A_1 - A_2}{0.020（或 0.022）} \times V \times D$$

式中　0.020（或 0.022）——DNA（RNA）的比消光系数，即浓度为 1mg/L 的水溶液（pH 为中性）在 260nm 波长处，通过光径为 1cm 时的光吸收值（由于大分子核酸易发生变性，此值随变性程度不同而异，采用比消光系数测定也是近似值）

V——被测样品溶液的体积，mL

D——样品溶液测定时的稀释倍数

样品中核酸的质量分数按下式计算：

$$\text{DNA（RNA）的质量分数（\%）} = \frac{\dfrac{A_1 - A_2}{0.020（或 0.022）}}{c} \times 100$$

式中　c——测定时样品溶液的浓度，mg/L

附　摩尔磷消光系数法测定核酸含量

核酸的消光系数（或吸收系数）通常用摩尔磷消光系数 $\varepsilon(p)$ 表示，即每 1L 含 1mol

磷的核酸溶液在260nm波长处的吸光度。例如在pH7时，对于天然状态的DNA，若配制成每升含1mol磷的核酸溶液，在260nm处通过1cm光径的比色皿时紫外吸收值 ε（p）在6200～6600。核酸的摩尔磷消光系数也不是一个常数，而是依赖于材料的前处理、溶液的pH、离子强度等。在核酸发生变性降解时，此数值增大。因此，可以从 ε（p）值初步判断核酸样品天然状态的程度。经典数值如下：

$$DNA\ 的\ \varepsilon（p）= 6000 \sim 8000$$

$$RNA\ 的\ \varepsilon（p）= 7000 \sim 10000$$

被测的核酸样品溶液经定磷法测得摩尔磷浓度，再于紫外分光光度计中测得 A_{260nm}，即可按下式计算 ε（p），由此来判断核酸样品天然状态的程度：

$$\varepsilon(p) = \frac{A_{260nm}}{cL}$$

式中　A_{260nm}——被测核酸样品溶液在260nm处的吸光度

　　　　c——被测核酸样品溶液的摩尔磷浓度，mol/L

　　　　L——比色皿的光径，cm

同样，利用 ε（p）可测定核酸的含量。先测得核酸样品溶液的 A_{260nm}，再从已知的 ε（p）酸样品溶液的摩尔磷浓度，由核酸恒定的含磷量求得核酸的含量。

二、二苯胺显色法测定 DNA 含量

【实验目的】

学习和掌握用二苯胺显色法测定DNA含量的原理和操作方法。

【实验原理】

脱氧戊糖核酸及其核苷酸中的糖为2′-脱氧戊糖，与核糖核酸中的戊糖由于结构上的差别，带来化学反应也各不相同，常用两种糖的不同呈色反应加以鉴定，并通过光谱分析进行定量分析。

2′-脱氧核糖的显色反应可分为三种类型，其中一种反应是2′-脱氧戊糖与其他糖类不同，因其在溶液中主要以醛的形式存在；另一种反应为一些羟基醛类和酮基醛类所呈现的各种不同强度的显色反应；第三种反应是糖类呋喃衍生物的显色反应。因此，通过DNA的三种脱氧戊糖的呈色反应，测定DNA含量的方法很多：

（1）DNA与半胱氨酸同硫酸一起加热产生桃红色；

（2）DNA与色氨酸同高氯酸一起加热的反应产物呈紫色；

（3）DNA、吲哚、盐酸共热呈黄棕色；

（4）DNA、咪唑、硫酸反应后为紫色；

（5）DNA与Schiff试剂反应后呈蓝色。

上述各种反应以第（1）种反应最为特异，吸收光谱与2′-脱氧核糖类似的阿拉伯糖醛所得的显色产物吸收光谱都不同，最大吸收波长为490nm。此法适于测定游离胸腺嘧啶核苷酸。若定量测定核酸含量时灵敏度较差，是二苯胺法灵敏度的一半。第（2）种反应定量测定时灵敏度是二苯胺法的1/3，第（3）种方法操作麻烦，第（5）种方法灵敏度最差。因此一般用二苯胺法定量测定DNA，原理为：

在强酸、加热条件下，可以使DNA中的嘌呤碱基与脱氧核糖间的糖苷键断裂，产生嘌

吟碱基、脱氧核糖与嘧啶核苷酸。其中，2′-脱氧核糖在酸性环境中成为 ω-羟基-γ-酮基戊醛，此物与二苯胺反应生成蓝色化合物，在595nm处有最大吸收。DNA在40~400μg吸光度与DNA含量成正比。在反应中加入少量乙醛可提高灵敏度，而且其他化合物的干扰也显著降低。当样品中含少量RNA时不影响测定，而蛋白质、多种糖及其衍生物芳香醛、羟基醛都能与二苯胺形成各种有色物质，干扰测定。

【实验材料、仪器与试剂】

1. 实验材料

肝脏 DNA。

2. 实验仪器

试管（10cm×20），吸量管（5mL×2、2mL×3、1mL×2），容量瓶（10mL、25mL），分光光度计，分析天平，恒温水浴，试管架，洗耳球。

3. 试剂

（1）DNA标准溶液（须经定磷法测定其纯度） 取标准DNA以0.01mol/L氢氧化钠溶液配成200mg/L的标准液。

（2）待测样品液，准确称取猪脾DNA或用紫外分光光度法中剩下的DNA液配成100mg/L的溶液。

（3）二苯胺试剂 使用前称取0.8g二苯胺（需在70%乙醇中重结晶2次），溶于180mL乙酸中，再加入8mL高氯酸（60%以上），混匀待用。临用前加入1.6%乙醛溶液0.8mL，所配试剂应为无色。

（4）1.6%乙醛 取47%乙醛3.4mL，加重蒸水定容至100mL（置于冰箱中，1周之内可以使用）。

【操作步骤】

（1）取6支试管，按表2-21添加试剂。

表2-21　　　　　　　　　　　　按顺序添加各试剂

管号	1	2	3	4	5	6
标准液/mL	0	0.4	0.8	1.2	1.6	2.0
H_2O/mL	2.0	1.6	1.2	0.8	0.4	0
二苯胺/mL	4	4	4	4	4	4

混匀后于60℃恒温水浴保温60min，冷却后以1号管作对照，于595nm处测定 A_{595nm}，以DNA含量为横坐标，吸光度为纵坐标，绘制标准曲线。

（2）样品的测定取2支试管，各加2mL待测液（内含DNA量要在可测范围内）和4mL二苯胺试剂，摇匀，其余操作同（1）。

【结果与计算】

根据测得的光吸收值，从标准曲线上查出相当于吸光度的DNA含量，按下式计算制品中 DNA 的质量分数：

$$DNA\ 质量分数（\%）= \frac{待测液中测得的\ DNA\ 质量（\mu g）}{待测液中制品的质量（\mu g）} \times 100$$

三、定磷法测定 RNA 含量

【实验目的】

学习和掌握用定磷法测定核酸的原理和操作技术。

【实验原理】

核酸是由许多单核苷酸通过磷酸二酯键连接起来的长链状多核苷酸，而每个单核苷酸分子则由一个含氮碱基（嘌呤或嘧啶）、一分子戊糖（核糖或脱氧核糖）和一分子磷酸组成。因此，在核酸大分子里，含氮碱基、戊糖和磷酸几乎以等分子数存在。所以只要测定三者中的任何一种成分，就可算出核酸量。测定核酸的方法有紫外分光光度法（测碱基）、戊糖比色法和定磷法三种。

本实验以钼蓝定磷法测定 RNA，在酸性溶液中正磷酸与钼酸作用生成磷钼酸。后者当有还原剂（如抗坏血酸、氯化亚锡等）存在时，立即转变成蓝色的还原产物，其最大吸光度在 660nm 波长处。当使用抗坏血酸作还原剂时，比色的最适范围为 1~10μg 无机磷。钼蓝反应极为灵敏，微量杂质的磷、硅酸盐、铁离子以及强度偏高或偏低都会影响测定结果。因此，实验用的器皿需要特别清洁，所用试剂最好用重蒸馏水（或去离子水）配制。

测定核酸中的总磷量，先要把它用浓硫酸消化，使有机磷全部转变成无机磷再定磷。由于 RNA 的含磷量为 9.5%，所以将测得的含磷量乘以 100/9.5 即为 RNA 量。

【实验材料、仪器与试剂】

1. 实验材料

RNA 粗制品。

2. 实验仪器

吸量管（2~5mL），容量瓶（100mL），比色管，恒温水浴箱（45℃，100℃），电炉（800W），分光光度计。

3. 试剂

（1）5mol/L 硫酸。

（2）3mol/L 硫酸。

（3）25g/mL 钼酸铵　称取 7.5g 钼酸铵（含四分子结晶水），加热溶解在 300mL 蒸馏水中而得。

（4）0.1g/mL 抗坏血酸　称取 15g 抗坏血酸，加蒸馏水 150mL，搅拌使其溶解。如不全溶，可在 40℃以下的水浴中加热溶解，置于棕色瓶中，放冰箱保存。当抗坏血酸溶液变成黄色时不能使用。

（5）定磷试剂　按蒸馏水、3mol/L 硫酸、25g/L 钼酸铵、0.1g/mL 抗坏血酸为 2:1:1:1（体积比）配制，摇匀。混合液应为淡黄色，混合后不能久置。如呈黄棕色则不能使用。临时配制。

（6）标准无机磷储备液 将分析纯的磷酸二氢钾（KH_2PO_4）先在110℃烘箱中烘至恒重，然后放在干燥器中。待温度平衡后，用分析天平称取1.0967g（或标准称取1g左右加以换算）于100mL烧瓶中。用少量蒸馏水溶解，然后转入250mL容量瓶中并定容，即配成含磷量为8g/L的储备液，于冰箱内保存。

（7）地衣酚 – $FeCl_3$试剂 称取0.1g $FeCl_3 \cdot 6H_2O$，溶于100mL浓盐酸中。使用前以此溶液为溶剂，配成0.1%地衣酚溶液。

【操作步骤】

1. 无机磷标准曲线的制作

（1）精确吸取1.0mL标准无机磷储备液，置100mL容量瓶中并定容，即配成含磷量为10mg/L的标准磷溶液。

（2）取6支试管，编号，分别按表2-22顺序加入各试剂。

表2-22 按顺序添加各试剂

编号	无机磷含量/μg	标准磷溶液/mL	蒸馏水/mL	定磷试剂/mL	吸光度/A_{660}
1	0	0（空白）	3.0	3.0	
2	2	0.2	2.8	3.0	
3	4	0.4	2.6	3.0	
4	6	0.6	2.4	3.0	
5	8	0.8	2.2	3.0	
6	10	1.0	2.0	3.0	

（3）将各管混合液立即摇匀，于45℃恒温水浴中保温25min（准确地），取出，冷却，在660nm波长进行比色测定。最后以磷含量为横坐标，吸光度为纵坐标绘制无机磷标准曲线。

2. 样品测定

（1）RNA粗制品的水解 向上次实验所得的RNA沉淀中加入5mol/L硫酸溶液2mL（不要过多，因下步显色时以硫酸浓度为0.5mol/L较合适）。待溶解后，于100℃恒温水浴箱中水解45min。然后用蒸馏水稀释至10mL容量瓶中。

（2）RNA定性鉴定 取上述稀释液0.5mL，加地衣酚 – $FeCl_3$试剂1mL，摇匀。加热至沸腾1~2min后出现绿色，证明提取液为RNA溶液（实质是测戊糖的存在）。

（3）RNA定量测定 准确吸取稀释液3mL至100mL容量瓶中，用蒸馏水定容，摇匀，即得待测样液。取干燥比色管3支（普通试管也可），2支加3.0mL待测样品溶液，另一支加3.0mL蒸馏水做空白对照。然后各加定磷试剂3.0mL，摇匀。于45℃恒温水浴中保温25min，取出，冷却后在660nm波长比色测定，记录吸光度。

【结果与计算】

$$RNA\ 含量（mg/g）= \frac{从标准曲线上查得的含磷量（μg）}{样品干重（mg）} \times 稀释倍数 \times \frac{1000}{95}$$

实验 22　酵母 RNA 的提取及组分鉴定

【实验目的】

1. 了解并掌握稀碱法提取 RNA 的原理和方法。
2. 了解核酸的组分并掌握其鉴定方法。

【实验原理】

由于 RNA 的来源和种类很多，因而提取制备方法也各异。一般有苯酚法、去污法和盐酸胍法。其中苯酚法又是实验时最常用的。组织匀浆用苯酚处理并离心后，RNA 即溶于上层苯酚饱和的水相中，DNA 和蛋白质则留在酚层中。向水层加入乙醇后，RNA 即以白色絮状沉淀析出，此法能较好地除去 DNA 和蛋白质。上述方法提取的 RNA 具有生物活性。工业上常用稀碱法和浓盐法提取 RNA，用这两种方法所提取的核酸均为变性的 RNA，主要用作制备核苷酸的原料，其工艺比较简单。浓盐法使用 10% 左右氯化钠溶液，90℃提取 3~4h，迅速冷却，提取液经离心后，上清液用乙醇沉淀 RNA。稀碱法使用稀碱使酵母细胞裂解，然后用酸中和，除去蛋白质和菌体后的上清液用乙醇沉淀 RNA 或调 pH2.5，利用等电点沉淀。

酵母含 RNA 达 2.67%~10.00%，而 DNA 含量仅为 0.030%~0.516%。为此，提取 RNA 多以酵母为原料。

RNA 含有核糖、嘌呤碱、嘧啶碱和磷酸各组分。加入硫酸煮制可使 RNA 水解，从水解液中可用定糖、定磷和加银沉淀等方法测出上述组分的存在。

【实验材料、仪器与试剂】

1. 实验材料

干酵母粉。

2. 实验仪器

移液管（0.2mL，2.0mL，1mL），量筒（10mL，50mL），滴管，水浴锅，离心机。

3. 试剂

（1）2 g/L NaOH 溶液；95% 乙醇；1.5 mol/L 硫酸；浓氨水；0.1 mol/L 硝酸银。

（2）酸性乙醇溶液　302mL 乙醇加 0.32mL HCl。

（3）三氯化铁浓盐溶液　将 2mL 三氯化铁（$FeCl_3 \cdot 6H_2O$）溶液加入浓 HCl 中。

（4）地衣酚（3,5-二羟基甲苯）乙醇溶液　称取 6g 地衣酚溶于 95% 乙醇 100mL。

（5）定磷试剂

①17% 硫酸：将 17mL 浓硫酸（相对密度 1.084）缓缓倾入 83mL 水中。

②25g/L 钼酸铵：2.5g 钼酸铵溶于 100mL 水中。

③0.1g/mL 抗坏血酸溶液：10g 抗坏血酸溶于 100mL 水中，置于棕色瓶中并保存溶液。临用时将三种溶液和水按以下比例混合：

17% 硫酸:25g/L 钼酸铵:0.1g/mL 抗坏血酸溶液:水 = 1:1:1:2（体积比）。

【操作步骤】

1. 酵母 RNA 提取

称取 10g 干酵母粉悬浮于 78mL 2g/mL NaOH 溶液中并在研钵中研磨均匀，悬浮液转入三角烧瓶，沸水浴加热 30min，冷却后转入离心管，3000r/min 离心 15min，将上清液慢慢倾入 20mL 酸性乙醇，边加入边搅动，静置 5min，待 RNA 沉淀完全后转入离心管，3000r/min 离心 3min，弃去上清液。

洗涤沉淀：向沉淀中加入 10mL 95% 乙醇，混匀后 3000r/min 离心 10min，重复一次。加入 5mL 乙醚混匀沉淀后将沉淀转移至布氏漏斗抽滤，沉淀在空气中干燥。称量所得 RNA 粗品的质量，计算：

$$干酵母粉 RNA 含量（\%）= \frac{RNA 质量（g）}{干酵母粉质量（g）} \times 100$$

2. RNA 组分鉴定

取 2g 提取的核酸，加入 1.5mol/L 硫酸 10mL，沸水浴加热 10min 制成水解液，然后进行组分鉴定。

（1）嘌呤碱取水解液 1mL 加入 1~2mL 浓氨水。然后加入 1mL 0.1mol/L 硝酸银溶液，观察有无嘌呤碱银化物白色沉淀。

（2）核糖取水解液 1mL，三氯化铁浓盐酸溶液 2mL 和地衣酚乙醇溶液 0.2mL。置沸水浴中 10min，注意观察溶液是否变成绿色。

（3）磷酸取水解液 1mL，加定磷试剂 2mL。在水浴中加热观察溶液是否变成蓝色。

【思考题】

1. 为什么用稀碱溶液可以使酵母细胞裂解？
2. 如何从酵母中提取到较纯的 RNA？

实验 23　植物中 DNA 的提取

【实验目的】

学习从新鲜的叶片中提取植物总 DNA 的方法。

【实验原理】

本实验介绍一种快速简便提取植物总 DNA 的方法：先将新鲜的叶片在液氮中研磨，以机械力破碎细胞壁，然后加入十六烷基三甲基溴化铵（CTAB，是一种阳离子去污剂）分离缓冲液，使细胞膜破裂，同时将核酸与植物多糖等杂质分开。再经三氯甲烷 - 异戊醇提取去除蛋白，即可得到适合于酶切的 DNA。

【实验材料、仪器与试剂】

1. 实验材料

新鲜植物叶片。

2. 实验仪器

研钵，离心机，恒温水浴。

3. 试剂

（1）2% CTAB 抽提缓冲液　称取 4g CTAB，16.364g NaCl，20mL 1mol/L Tris－HCl（pH8.0），8mL 0.5mol/L 乙二胺四乙酸（EDTA），先用 70mL 双蒸水（ddH$_2$O）溶解，再定容至 200mL 灭菌，冷却后依次加 0.2%～1.0% 2－巯基乙醇 400μL，96mL 三氯甲烷，4mL 异戊醇，摇匀即可。

（2）TE 缓冲液　10mmol/L Tris－HCl，pH8.0，1mmol/L EDTA。

（3）异丙醇；乙醇；三氯甲烷－异戊醇（24:1）（体积比）；液氮。

【操作步骤】

（1）称取 1g 新鲜叶片，置于预冷的研钵中，倒入液氮，将叶片研至粉末。

（2）将叶片粉末转入一个 30mL 离心管中，加 10mL CTAB 抽提缓冲液，轻轻转动离心管使之混匀。于 65℃温育 10min。

（3）加入等体积的三氯甲烷－异戊醇，轻轻颠倒混匀。

（4）室温下 4000r/min 离心 10min，回收上层水相。

（5）在回收的上层水相中，加入 2/3 体积预冷的异丙醇（预冷至 －20℃），轻轻混匀，置冰箱中放置数小时甚至过夜，使核酸沉淀。

（6）室温下 4000r/min 离心 10min。

（7）小心倒去上清液，用 80% 乙醇洗涤沉淀物。尽量沥干乙醇，置于真空干燥器内干燥，称重，计算产率。

（8）将沉淀溶于 1mL TE 缓冲液中。

【注意事项】

提取过程中的机械力可能使大分子 DNA 断裂成小片段，所以为保证 DNA 的完整性，各步操作均应较温和，避免剧烈振荡。

【思考题】

为保证植物 DNA 的完整性，应注意哪些操作？

实验 24　DNA 的琼脂糖凝胶电泳

【实验目的】

学习并掌握琼脂糖凝胶电泳的原理和操作。

【实验原理】

琼脂糖凝胶电泳是分离、鉴定和纯化 DNA 片段的常用方法，不同浓度琼脂糖凝胶可以分离从 200bp 至 50kb 的 DNA 片段。在琼脂糖溶液中加入低浓度的溴化乙锭（EB），在紫外光下可以检出 10ng 的 DNA 条带。在电场中，pH8.0 条件下，凝胶中带负电荷的 DNA 向阳极移动。

用电泳法测定 DNA 的特点是快速、简便、样品用量少、灵敏度高以及一次测定中能得到较多的信息。例如，用琼脂糖凝胶电泳检测质粒 DNA 样品时，根据条带的位置可以知道质粒分子的三种构型及其比例，还可以了解质粒 DNA 样品中的杂质，如 RNA、染色体 DNA、蛋白质等的污染程度，与已知浓度的相对分子质量标准物对照后还可知道被测样品的浓度与相对分子质量。

琼脂糖是从琼脂中分离得到的。它由 1，3 连接的吡喃型 $\beta - D -$ 半乳糖与 1，4 连接的 3，6 脱水吡喃型 $\alpha - L -$ 半乳糖组成，形成相对分子质量为 $10^4 \sim 10^5$ 的长链。琼脂糖溶解后链间糖分子上的羟基由于氢键的作用相互连接，形成三维空间结构，随着琼脂糖浓度的不同会形成孔径不同的三维空间结构。20 世纪 70 年代初期提出了凝胶固化机制，认为溶解的琼脂糖分子呈随机线团状，凝结初期由于氢键的作用形成双链分子，而后再发生双链分子间的连接直至最后固化。由于链间的连接靠的是氢键的作用，所以一切会破坏氢键形成的因素（如过酸、过碱、尿素）都会破坏氢键，直至影响凝胶的形成。一般电泳中使用的琼脂糖在水溶液中 84 ~ 96℃时开始溶化，冷却至 36 ~ 42℃时开始凝结。

琼脂糖凝胶电泳的特点：

（1）DNA 的分子大小　在凝胶基质中迁移率与碱基对数目的常用对数值成反比，分子越大在凝胶中的摩擦阻力就越大，迁移越慢。

（2）DNA 构型的影响　质粒 DNA 虽然具有相同的相对分子质量，但因构型不同会造成电泳时受到的阻力不同，最终造成迁移速率的不同。常见电泳条件下质粒 DNA 三种构型的迁移速率是超螺旋最快，线状分子在特定的电泳条件下略快于开环分子。在碱法抽提过程中还可能产生一种不能被完全复性的质粒 DNA，由于它结构的致密性，迁移速率甚至还稍大于超螺旋 DNA，但也要在特定的条件下才能区分开。

（3）琼脂糖浓度　一个特定大小的线性 DNA 分子，其迁移速率在不同浓度的琼脂糖凝胶中各不相同。DNA 迁移率的对数与凝胶浓度呈线性关系，所以电泳时要根据分离片段的大小以及构型选择合适的凝胶浓度。一般浓度为 1% 的凝胶 DNA 分离有效范围为 0.5 ~ 7kb。

（4）电场强度　一般电泳时，为了尽快得到结果，所用的场强约为 5V/cm，这样的场强下虽然能得到结果但分辨率不够高。对于需要精确测定相对分子质量的电泳，应使场强低至 1V/cm，这时线状 DNA 片段的迁移率与所加电压之间会得到非常好的线性关系。但随着电场强度的增加，不同相对分子质量的 DNA 片段的迁移率将以不同幅度增长。随着电压的增加，琼脂糖凝胶的有效分离范围将缩小。电压过高时还会引起凝胶的发热甚至熔化，造成实验失败。实际电泳时还要考虑分子的大小：小片段电泳时会因扩散而造成条带模糊，可选用较大场强缩短电泳时间以减少扩散；大片段电泳时则只能用低场强才能避免发生拖尾现象，得到较好的带型与相对分子质量之间的线性关系。综上所述，选择场强也应根据具体情况而定。

（5）温度　DNA 在琼脂糖凝胶电泳中的电泳行为受电泳时的温度影响不明显，不同大小的 DNA 片段其相对迁移率在 4 ~ 30℃不会发生明显改变，但浓度低于 0.5% 的凝胶或低熔点凝胶较为脆弱，最好在 4℃条件下电泳。

（6）嵌入染料　荧光染料溴化乙锭（EB）分子具有扁平结构，能嵌入 DNA 碱基对之间并拉长线状和带缺口的环状 DNA，使其刚性更强，所以对线状分子与开环分子的形状变化影响都较小，而对自螺旋状态的分子影响较大。当 DNA 中嵌入的 EB 分子逐渐增多时，原来的负超螺旋状态（原始状态）的分子开始向共价闭合环状转变，这时电泳的迁移速率由快变慢；当嵌入的 EB 分子进一步增加时，DNA 分子由共价闭合环状向正超螺旋状态转变，这时电泳速率又由慢向快转变。电泳时、加入 EB 对线状、开环分子也会造成影响，如在同样条件下电泳，加入 EB 的比不加 EB 的 DNA 迁移快约 15%，并且三种构型分子的速率增加有所不同，超螺旋增加最多，其次是线性，开环增加最少。

（7）离子强度的影响　电泳缓冲液的组成及其离子强度影响 DNA 的迁移率。在没有离子存在时 DNA 几乎不动。在高离子强度的缓冲液中（如误加 10 × 电泳缓冲液），则电导很高并明显产热，严重时还会引起凝胶熔化。对于天然的双链 DNA，常用的几种电泳缓冲液有 TAE、TBE、TPE，一般配制成浓缩母液，室温保存，用时稀释。

上述是影响 DNA 迁移的几个主要因素，除此之外还有一些因素会影响电泳结果，特别是对于 DNA 浓度的判断还有以下影响因素：凝胶的厚度、齿孔的厚度、加样的多少、电泳时间、观测所用的紫外灯波长与强度的不同以及凝胶在缓冲液中浸泡的时间等。

【实验材料、仪器与试剂】

1. 实验材料

质粒 DNA。

2. 实验仪器

电泳仪，电泳槽，微波炉，点样板，紫外透射分析仪，移液器（20μL），高压灭菌器。

3. 试剂

（1）TAE 电泳缓冲液 50 ×　242.0g Tris，57.1mL 乙酸（后加），100mL 0.5mol/L EDTA（pH8.0），加水至 1000mL，0.103MPa、121℃ 湿热灭菌 15min，冷却后加入乙酸混匀，置 4℃ 冰箱长期保存，用时稀释 50 倍。

（2）EB 溶液　称取 EB 溶于无菌水中，母液质量浓度为 1g/L。配制后 4℃ 冰箱保存，如经常使用可于室温避光放置。使用浓度为 0.5mg/L。

注意：EB 是诱变剂，配制与使用都应极为小心并要防止污染环境。

（3）6 × 点样液

①质量浓度为 2.5g/L 的溴酚蓝溶液（用 0.5mol/L 的 NaOH 调至深蓝色时，pH 约为 8，配制时可用 pH 试纸进行测试）。

②质量浓度为 400g/L 的蔗糖溶液。

③10mmol/L EDTA（pH8.0）。

合并溴酚蓝、EDTA、蔗糖等溶液后定容，0.103MPa、121℃ 湿热灭菌 15min，分装小管于 –20℃ 长期保存。经常使用的部分可于冰箱或室温放置。

（4）TE 缓冲液　10mmol/L Tris – HCl（pH8.0），1mmol/L EDTA（pH8.0）。

（5）琼脂糖。

【操作步骤】

1. 制胶

将胶模两端用胶带封严，架好梳子。称取 245mg 琼脂糖于 100mL 三角烧瓶中，加入 35mL TAE 缓冲液，加热熔化至无颗粒状琼脂糖。冷却至 60℃ 左右，加入 EB（终浓度

0.5mg/L），摇匀后立即倒入准备好的胶模中待凝固。临用前撕去封口胶带，放入电泳槽中，倒入适量 TAE（淹过凝胶面），拔去梳子备用。

2. 点样

取 10μL 样品与 2μL 点样液，混匀后迅速点样。

3. 电泳

恒压 80V，30min 电泳，紫外灯下观察并记录结果。

【思考题】

做好本实验的关键是什么？

实验 25　聚合酶链式反应

【实验目的】

1. 掌握 PCR 的原理。

2. 掌握引物的设计原则。

3. 掌握 PCR 仪的使用方法。

4. 了解 PCR 的优化方法。

【实验原理】

聚合酶链式反应（Polymerase Chain Reaction，PCR）是通过酶促反应在体外大量合成目的 DNA 片段的核酸合成技术。这项技术是分子生物学研究领域的一次创举，是最常用的分子生物学技术之一。它不仅可以用于基因的分离、克隆和核苷酸序列分析，还可以用于突变体和重组体的构建、基因表达调控的研究、基因多态性的分析、遗传病和传染病的诊断、肿瘤机制的探索和法医鉴定等。

PCR 是体外合成 DNA 的一项技术。因此，其反应体系包括 DNA 合成的必要组分，即模板、引物、DNA 聚合酶和四种脱氧核糖核苷三磷酸（dNTPs），另外还包括 PCR 缓冲液。以上五种成分构成 PCR 反应体系的五要素。PCR 反应的基本步骤包括模板的变性、模板与引物的退火、引物的延伸。此步骤依次循环多轮，由于延伸后得到的产物同样可以作为下一轮反应的模板，因此，每一轮循环后模板 DNA 的量都可加倍，于是 DNA 片段以指数形式扩增，如图 2-10 所示。

【实验仪器与试剂】

1. 实验仪器

PCR 仪，微量离心机，微量移液器（0.5~10μL 和 1~20μL），0.5mL Eppendorf 离心管，核酸电泳装置，紫外线观察装置及照相设备。

2. 试剂

（1）DNA 模板。

（2）扩增片段的特异引物。

（3）10×PCR 缓冲液。

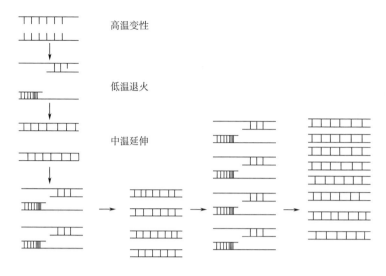

高温变性

低温退火

中温延伸

图2-10 PCR基本原理示意图

（4）2mmol/L dNTPs（含 dATP、dCTP、dTTP 各 2mmol/L）。

（5）*Taq* DNA 聚合酶。

（6）核酸电泳所需的常规试剂。

【操作步骤】

1. 引物设计

引物设计在 PCR 反应中极为重要，是决定 PCR 结果的关键。要保证 PCR 反应能准确、特异、有效地对模板 DNA 进行扩增，通常引物设计要遵循以下几条原则。

（1）引物的长度以 15~30bp 为宜，一般（G + C）的含量在 45% ~55%，$T_m > 55℃$。应尽量避免数个嘌呤或嘧啶的连续排列，碱基的分布应表现出是随机的。

（2）引物的 3′端不应与引物内部有互补，避免引物内部形成二级结构。两个引物在 3′端不应出现同源性，以免形成引物二聚体。两条引物间配对碱基数少于 5 个。引物自身配对若形成茎环结构，茎环的碱基对数不能超过 3 个。目前可以通过辅助软件如 Oligo 和 PrimerSelect 等进行引物设计，非常方便。

（3）如果要在引物中引入限制性内切酶位点，那么要在引物 5′末端留 5~10 个保护碱基以利于酶解。

2. 步骤

（1）在冰浴中，按以下次序将各成分加入一无菌 0.5mL Eppendorf 离心管中。

① 10 × PCR 缓冲液 2μL；

② dNTPs（2mmol/L）2μL；

③引物各 10 pmol；

④*Taq* DNA 聚合酶（2U/μL）0.5μL；

⑤ DNA 模板（50ng ~1μg/μL）1μL；

⑥加 ddH$_2$O 至 20μL。

（2）将上述混合液稍加离心后于 PCR 仪上进行扩增。一般程序为：在 94℃预变性 3 ~ 5min，然后进入循环扩增阶段：94℃，40s→58℃，50s→72℃，1 ~ 2min，循环 30 ~ 35 次；最后在 72℃保温 10min。

（3）结束反应，PCR 产物放置于 4℃用于电泳检测或 −20℃长期保存。

（4）取 5 ~ 10μL 进行 PCR 产物的电泳检测。

3. PCR 的优化

PCR 的优化包括两个方面，即产物特异性的提高和产物产量的提高。从 PCR 反应体系各组分浓度对产物特异性和产量的影响方面来说，减少模板、引物和 *Taq* DNA 聚合酶以及反应缓冲液中 Mg^{2+} 的浓度，可以提高产物的特异性；反之，增加模板、引物和 *Taq* DNA 聚合酶以及反应缓冲液中 Mg^{2+} 的浓度，可以提高产物的产量。另外，增加引物的长度可以提高产物的特异性。从 PCR 循环参数对产物特异性和产量的影响方面来说，提高退火温度、减少循环数，可以提高产物的特异性；反之，降低退火温度、增加循环数，可以提高产物的产量。可以看出 PCR 产物特异性的提高和产量的提高这两方面是矛盾的，这就需要通过预实验寻找矛盾的最佳统一点。

【思考题】

1. 设计引物时应注意哪些问题？

2. 如何提高 PCR 产物的特异性？

3. 如何提高 PCR 产物的产量？

第六节　其他生物大分子的制备与检测

实验 26　维生素 A 的测定——比色法

【实验目的】

掌握比色法测定维生素 A 的原理和方法。

【实验原理】

维生素 A（视黄醇）属于脂溶性维生素，在三氯甲烷溶液中能与三氯化锑生成不稳定的蓝色物质，此反应称为 Carr – Price 反应，可用于维生素 A 的定性鉴定和定量测定，所生成的颜色深浅与溶液中维生素 A 的量成正比。在一定时间内可用分光光度计在 620nm 波长下测定其吸光度。

【实验材料、仪器与试剂】

1. 实验材料

鱼肝油。

2. 实验仪器

试管（1.5cm×15cm），移液管（10mL，1mL×11），容量瓶（25mL×10），带塞锥形瓶（250mL），研钵，分光光度计。

3. 试剂

（1）无水硫酸钠；乙酸酐；无水三氯甲烷；乙醚。

（2）0.25g/mL 三氯化锑 – 三氯甲烷溶液　称取干燥的三氯化锑25g溶于100mL无水三氯甲烷中，棕色瓶避光储存。

（3）维生素A标准液　准确称取标准维生素A，置于容量瓶中，用三氯甲烷溶解，配成100IU/mL的标准液。

【操作步骤】

1. 制作标准曲线

将维生素A标准液用三氯甲烷稀释成不同浓度的标准系列（如10，20，30，40，50，60，70，80，90，100IU/mL）。再取相同数量比色杯，顺次加入1mL三氯甲烷和1mL标准液，各管加入乙酸酐一滴，制成标准比色列。用三氯甲烷于620nm波长处调零。将标准比色列按顺序移至光路前，迅速加入9mL三氯化锑 – 三氯甲烷溶液，在6s内测吸光度。以吸光度为纵坐标，以维生素A含量为横坐标，绘制标准曲线图。

2. 样品测定

采用研磨法测维生素A的含量。

（1）研磨精确称取2～5g样品，置于研钵内，加入3～5倍样品质量的无水硫酸钠，仔细研磨至样品中的水分完全被吸收。

（2）提取小心将上述研磨物移入带塞的锥形瓶中，准确加入50～100mL乙醚，盖好塞子，用力振摇2min，使样品中维生素A溶入乙醚中，将锥形瓶置于冰水中1～2h，直至乙醚液澄清为止。

（3）浓缩取澄清乙醚提取液2～5mL，放入比色管中，在70～80℃水浴中抽气蒸干，立即加入三氯甲烷1mL溶解残渣，再加1滴乙酸酐和9mL三氯化锑，混匀，在6s内测其吸光度。

（4）根据所测吸光值从标准曲线上查出待测管中维生素A的国际单位数，再根据稀释关系求出样品中维生素A的含量。

【注意事项】

（1）维生素A极易被光线破坏，实验操作应在微弱光线下进行。

（2）定量测定维生素A所用的试剂和器材必须绝对干燥。微量水分可使三氯化锑不再与维生素A反应，并出现混浊。在试管中加入1～2滴乙酸酐可除去微量吸入的水分。

（3）三氯甲烷应不含分解物，否则会破坏维生素A。

【思考题】

1. 比色法测定维生素A实验的关键步骤是什么？

2. 举例说明含维生素A最丰富的天然食物。

实验 27　细胞色素 c 的制备及测定

【实验目的】

1. 学习细胞色素 c 的理化性质及其生物学功能。
2. 掌握制备细胞色素 c 的原理。
3. 掌握制备细胞色素 c 的操作技术。

【实验原理】

细胞色素 c 是呼吸链的一个重要组成成分，是一种含铁卟啉基团的蛋白质，在线粒体呼吸链上位于细胞色素 b 和细胞色素 aa_3 之间，细胞色素 c 的作用是在生物氧化过程中传递电子。

细胞色素 c 分子中赖氨酸含量较高，所以等电点偏碱，为 pH 10.8，分子质量为 11000 ~ 13000。它易溶于水及酸性溶液，且较稳定，不易变性，组织破碎后，用酸性水溶液即能从细胞中浸提出来。细胞色素 c 分为氧化型和还原型两种，因为还原型较稳定并易于保存，一般都将细胞色素 c 制成还原型的，氧化型细胞色素 c 在 408nm、530nm 有最大吸收峰，还原型细胞色素 c 的最大吸收峰为 415nm、520nm 和 550nm，这一特性可用于细胞色素 c 的含量测定。

由于细胞色素 c 在心肌组织和酵母中含量丰富，常以此为材料进行分离制备。本实验以猪心为材料，经过酸溶液提取，人造沸石吸附，硫酸铵溶液洗脱，三氯乙酸沉淀等步骤制备细胞色素 c，并测定其含量。

【实验仪器与试剂】

1. 实验仪器

绞肉机，电磁搅拌器，电动搅拌器，离心机，721 型分光光度计，玻璃柱（2.5cm × 30cm），下口瓶，烧杯（2000mL，1000mL，500mL），量筒，移液管，玻璃漏斗和纱布，玻璃棒，透析袋。

2. 试剂

（1）2mol/L H_2SO_4 溶液；1mol/L NH_4OH 溶液；固体硫酸铵。

（2）0.25g/mL 硫酸铵溶液　100mL 蒸馏水中含 25g 硫酸铵，约相当于 25℃ 时 40% 的饱和度。

（3）2g/L 氯化钠溶液　称取 0.2g 氯化钠，用蒸馏水溶解并定容至 100mL。

（4）$BaCl_2$ 试剂　称取 12g $BaCl_2$，溶于 100mL 蒸馏水中。

（5）20% 三氯乙酸溶液。

（6）人造沸石（60 ~ 80 目）。

（7）连二亚硫酸钠（$Na_2S_2O_4 \cdot 2H_2O$）。

【操作步骤】

1. 细胞色素 c 的制备

（1）材料处理　取新鲜或冰冻猪心，除去脂肪和韧带，用水洗去积血，将猪心切成小块，放入绞肉机绞碎。

（2）提取　称取绞碎猪心肌肉500g，放入2000mL烧杯中，加蒸馏水1000mL，在电动搅拌器搅拌下以2mol/L H_2SO_4 调pH至4.0（此时溶液呈暗紫色），在室温下搅拌提取2h，在提取过程，使抽提液的pH保持在4.0左右。在即将提取完毕，停止搅拌之前，以1mol/L NH_4OH 调pH至6.0，停止搅拌。用八层普通纱布挤压过滤，收集滤液。滤渣加入750mL蒸馏水，再按上述条件提取1h，两次提取液合并。

（3）中和　用1mol/L NH_4OH 调上述提取液至pH7.2（此时，等电点接近7.2的一些杂蛋白溶解度小，从溶液中沉淀下来），静置30～40min中后过滤，所得滤液准备通过人造沸石柱进行吸附。

（4）吸附与洗脱　人造沸石容易吸附细胞色素c，吸附后能被0.25g/mL的硫酸铵洗脱下来，利用此特性将细胞色素c与其他杂蛋白分开。具体操作如下：

①人造沸石的预处理：称取人造沸石11g，放入500mL烧杯中，加水搅拌，用倾泻法除去12s内不下沉的过细颗粒。

②装柱：选择一个底部带有滤膜的干净的玻璃柱（2.5cm×30cm），柱下端连接一乳胶管，用夹子夹住，柱中加入蒸馏水至2/3体积，保持柱垂直，然后将已处理好的人造沸石带水装填入柱，注意一次装完，避免柱内出现气泡。

③上样：柱装好后，打开夹子放水（柱内沸石面上应保留一薄层水），将准备好的提取液装入下口瓶，使其通过人造沸石柱进行吸附。柱下端流出液的速度为1.0mL/min。随着细胞色素c的被吸附，柱内人造沸石逐渐由白色变为红色，流出液应为黄色或微红色。

④洗脱：吸附完毕，将红色人造沸石从柱内取出，放入500mL烧杯中，先用自来水，后用蒸馏水搅拌洗涤至水清，再用100mL 2g/L NaCl溶液分三次洗涤沸石，再用蒸馏水洗至水清，按第一次装柱方法将人造沸石重新装入柱内，用0.25g/mL硫酸铵溶液洗脱，流速大约2mL/min，收集含有细胞色素c的红色洗脱液，当洗脱液红色开始消失时，即洗脱完毕。人造沸石可再生使用。

⑤人造沸石再生：将使用过的沸石，先用自来水洗去硫酸铵，再用0.25mol/L氢氧化钠和1mol/L氯化钠混合液洗涤至沸石成白色，前后用蒸馏水反复洗至pH 7～8，即可重新使用。

（5）盐析　为了进一步提纯细胞色素c，在上面收集的洗脱液中，加入固体硫酸铵（按每100mL洗脱液加入20g固体硫酸铵的比例，使溶液硫酸铵的饱和度为45%），边加边搅拌，放置30min后，杂蛋白便从溶液中沉淀析出，而细胞色素c仍留在溶液中，用滤纸（或离心）除去杂蛋白，即得红色透亮细胞色素c溶液。

（6）三氯乙酸沉淀　在搅拌时向所得透亮溶液加入20%三氯乙酸（2.5mL三氯乙酸/100mL细胞色素c溶液），细胞色素c立即沉淀出来（沉淀出来的细胞色素c属可逆变性），立即于3000r/min离心15min，收集沉淀。加入少许蒸馏水，用玻棒搅拌，使沉淀溶解。

（7）透析　将沉淀的细胞色素c溶解于少量的蒸馏水后，装入透析袋，在500mL烧杯中对蒸馏水进行透析除盐（电磁搅拌器搅拌），15min换水一次，换水3～4次后；检查透析外液 SO_2^{2-} 是否已被除净。检查方法是：取2mL $BaCl_2$ 溶液于试管中，滴加2～3滴透析外液至试管中，若出现白色沉淀，表示 SO_2^{2-} 未除净，反之，说明透析完全，将透析液过滤，即得细胞色素c制品。

2. 含量测定

所得制品是还原型细胞色素 c 水溶液，在波长 520nm 处有最大吸光度，根据这一特性，用 721 型分光光度计先做出一条标准细胞色素 c 浓度和对应的吸光度的标准曲线（图 2-11），然后根据测得的待测样品溶液的吸光度就可以由标准曲线的斜率求出待测样品的含量。具体操作如下：

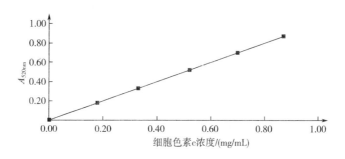

图 2-11　细胞色素 c 标准曲线

（1）标准曲线的绘制　取 1mL 标准品（81mg/mL），稀释至 25mL，从中分别取 0.2，0.4，0.6，0.8，1.0mL，置于 5 支试管中，每管补加蒸馏水至 4mL，并加少许连二亚硫酸钠作为还原剂，然后在 520nm 处测得各管的吸光度，分别为 0.179，0.330，0.520，0.700，0.870。以浓度为横坐标，吸光度为纵坐标，作标准曲线图，从图中求得斜率为 1/3.71。

（2）样品测定　取 1mL 样品，稀释适当倍数，再加少许连二亚硫酸钠，在波长 520nm 处测定吸光度。最后根据标准曲线的斜率计算其细胞色素 c 的含量。

【结果与计算】

$$细胞色素 c 的含量 = 3.71 \times A_{520nm} \times 稀释倍数 \times 终体积$$

在本实验中，500g 的猪心原料，应获得 75mg 以上的细胞色素 c 的制品。

（注：在细胞色素 c 的实际工作中，除了含量测定以外还要测定含铁量即纯度的鉴定和活性，后两项测定，此处从略。）

【注意事项】

（1）尽可能除掉猪心中的韧带、脂肪和积血。

（2）使用离心机之前，一定要配平。

（3）透析之前要检查透析袋。

（4）在 520nm 处测得各管的吸光度时，要加少许连二亚硫酸钠作为还原剂。

【思考题】

1. 制备细胞色素 c 通常选取什么动物组织？为什么？

2. 本实验采用的酸溶液提取、人造沸石吸附、硫酸铵溶液洗脱、三氯乙酸沉淀等步骤制备细胞色素及含量测定，各是根据什么原理？

3. 请说出其他提取和纯化细胞色素 c 的方法，写出相关的方法及原理。

实验 28　维生素 C 含量的测定

一、2，6 - 二氯酚靛酚法

【实验目的】

掌握维生素 C 的功能及果蔬中维生素 C 含量的测定方法。

【实验原理】

维生素 C（$C_6H_8O_6$），又称抗坏血酸，是一种重要的水溶性维生素，人体中所需的维生素 C 大多由新鲜的水果和蔬菜供给。

本实验采用 2，6 - 二氯酚靛酚滴定法测定苹果中维生素 C 的含量。氧化型 2，6 - 二氯酚靛酚在酸性溶液中呈粉红色，在中性或碱性溶液中呈蓝色，还原型 2，6 - 二氯酚靛酚无色。当用此染料滴定含有维生素 C 的酸性溶液时，在维生素 C 未全部氧化前，滴下的染料立即被还原成无色；一旦溶淀中的维生素 C 全部被氧化时，则滴下的染料立即使溶液显示粉红色，此时即为滴定终点，表示溶液中的维生素 C 刚刚被氧化完全。因此，从滴定时 2，6 - 二氯酚靛酚标准液的消耗量，可以计算出被检物质中维生素 C 的含量。

【实验材料、仪器与试剂】

1. 实验材料

新鲜苹果或时蔬。

2. 实验仪器

（1）1.0mL、10.0mL 吸管。

（2）25mL、100mL 容量瓶。

（3）5mL 微量滴定管。

（4）天平。

（5）研钵。

（6）漏斗。

（7）锥形瓶。

3. 试剂

（1）2% 草酸溶液。

（2）1% 草酸溶液。

（3）标准维生素 C 溶液（0.1mg/mL）棕色瓶储存，冷藏（最好临用时配置）。

（4）1% HCl 溶液。

（5）0.1% 2，6 - 二氯酚靛酚溶液　取氧化型 2，6 - 二酚氯靛酚 25mg，溶于 100mL 含 26mg $NaHCO_3$ 的水中，充分摇振，放置过夜。用前过滤，用蒸馏水稀释至 125mL。棕色瓶储存，冷藏（4℃下可保存 1 周），临用时以标准维生素 C 溶液标定。

【操作步骤】

1. 样液制备

适量称取苹果1份，分别加少量2%草酸（1%草酸因浓度太低而不能抑制维生素C氧化酶作用）用研钵磨成浆，用加脱脂药棉的漏斗过滤，滤液转入25mL容量瓶后，用2%草酸定容。

2. 标准液滴定

（1）准确吸取0.1mg/mL的标准抗坏血酸溶液各1.0mL，分别转移至3个100mL的锥形瓶中。

（2）各加入1%草酸9.0mL，用微量滴定管以0.1%的2，6-二氯酚靛酚滴定至淡红色，并保持15s不变色，即为终点，分别记录所用染料体积。

（3）由所用染料的平均体积计算出平均值（T），即1mL染料相当于维生素C的质量。

3. 样液滴定

准确吸取已制备的样品滤液各3份，每份10.0mL分别放入2个100mL锥形瓶内，滴定方法同前。

4. 计算

$$m = \frac{VT}{m_0} \times 100$$

式中 m——100g样品中含维生素C的质量，mg

V——滴定时所用去染料体积，mL

T——每毫升染料能氧化维生素C质量，mg/mL

m_0——10mL样液含样品的质量，g

【注意事项】

（1）滴定过程宜迅速，一般不超过2min，因为样品中某些杂质也能还原二氯酚靛酚，尽管其还原能力较弱且还原速度较维生素C更慢。

（2）滴定所用染料宜控制在1~4mL，如果样品含维生素C含量过高/低，可酌量增/减样液。

（3）样品提取液应避免日光直射，否则会加速维生素C氧化。

【思考题】

1. 为什么滴定终点以淡红色存在15s内为准？

2. 要测得准确的维生素C值，实验过程中应注意哪些操作步骤，为什么？

3. 维生素C的生理功能有哪些？

4. 食品中维生素C的含量受哪些因素的影响？试举出3种含维生素C最高的食物。

二、紫外比色法

【实验目的】

1. 学习2，4-二硝基苯肼比色法测定抗坏血酸总量的基本原理。

2. 掌握2，4-二硝基苯肼比色法的操作方法及影响测定准确性的因素。

【实验原理】

样品中的维生素 C 经草酸溶液提取后，用酸处理过的活性炭将还原型维生素 C 氧化为脱氢型维生素 C，进一步氧化为二酮古洛糖酸，与 2，4 - 二硝基苯肼作用生成红色脎，其呈色强度与维生素 C 含量呈正比，在波长 540nm 下比色定量。

2，4 - 二硝基苯肼比色法测定试样中的维生素 C 总量，包括还原型、脱氢型和二酮古洛糖酸。

【实验仪器与试剂】

1. 实验仪器

恒温箱或电热恒温水浴锅；可见光分光度计；捣碎机。

2. 试剂

（1）4.5mol/L 硫酸溶液　量取 250mL 浓硫酸小心加入 700mL 水中，冷却后用水稀释至 1000mL。

（2）85% 硫酸溶液　小心加 900mL 浓硫酸于 100mL 水中。

（3）20g/L 2，4 - 二硝基苯肼　溶解 2，4 - 二硝基苯肼 2g 于 100mL 4.5mol/L 硫酸中，过滤。不用时存于冰箱内，每次使用前必须过滤。

（4）20g/L 草酸溶液。

（5）10g/L 草酸溶液。

（6）10g/L 硫脲溶液　溶解 1g 硫脲于 100mL 10g/L 草酸溶液中。

（7）20g/L 硫脲溶液　溶解 2g 硫脲于 100mL 10g/L 草酸溶液中。

（8）1mol/L 盐酸　取 100mL 盐酸，加入水中，并稀释至 1200mL。

（9）抗坏血酸标准溶液　称取 100mg 纯抗坏血酸溶解于 100mL 20g/L 草酸溶液中，此溶液每毫升相当于 1mg 抗坏血酸。

（10）活性炭　将 100g 活性炭加到 750mL 1mol/L 盐酸中，回流 1～2h，过滤，用水洗数次，至滤液中无铁离子为止，然后置于 110℃烘箱中烘干。

【操作步骤】

1. 样品处理

（1）鲜样的制备　称取 100g 鲜样，立即加入 100mL 20g/L 草酸溶液，倒入捣碎机中打成匀浆，称取 10.0～40.0g 匀浆（含 1～2mg 抗坏血酸），移入 100mL 容量瓶，用 10g/L 草酸溶液稀释至刻度，混匀，过滤，滤液备用。

（2）干样制备　称取 1～4g 干样（含 1～2mg 维生素 C）放入乳钵内，加入等量的 10g/L 草酸溶液磨成匀浆，连固形物一起移入 100mL 容量瓶内，用 10g/L 草酸溶液稀释至刻度，混匀，过滤。

2. 样品还原型维生素 C 的氧化处理

取 25.0mL 上述滤液，加入 2g 活性炭，振摇 1min，过滤，弃去初滤液。吸取 10.0mL 此氧化提取液，加入 10.0mL 20g/L 硫脲溶液，混匀，即为样品稀释液。

3. 呈色反应

（1）取 3 支试管，各加入 4mL 经氧化处理的样品稀释液。其中一支试管作为空白，其余两试管加入 1.0mL 20g/L 2，4 - 二硝基苯肼溶液，将所有试管放入（37±0.5）℃恒温箱或恒温水浴中，保温 3h。

（2）保温 3h 后取出，除空白管外，将所有试管放入冰水中。空白管取出后使其冷却至室温，然后加入 20g/L 2，4 - 二硝基苯肼溶液 1.0mL，在室温中放置 10~15min 后放入冰水内，其余步骤同试样。

4. 85% 硫酸处理

当试管放入冰水冷却后，向每支试管（连同空白管）中加入 85% 硫酸溶液 5mL，滴加时间至少需要 1min，边加边摇动试管。将试管自冰水中取出，在室温放置 30min 后比色。

5. 样品比色测定

用 1cm 比色皿，以空白液调零点，于 500nm 波长下测定吸光度。

6. 标准曲线绘制

（1）加 2g 活性炭于 50mL 标准溶液中，振动 1min 后过滤。吸取 10.00mL 滤液放入 500mL 容量瓶中，加 5.0g 硫脲，用 10g/L 草酸溶液稀释至刻度，即为 20μg/mL 抗坏血酸稀释液。

（2）吸取 5、10、20、25、40、50、60mL 抗坏血酸稀释液，分别放入 100mL 容量瓶中，用 10g/L 硫脲溶液稀释至刻度，使最后稀释液中抗坏血酸的浓度分别为 1、2、4、5、8、10、12μg/mL，即为抗坏血酸标准使用液。

（3）分别吸取 4mL 各浓度的抗坏血酸标准使用液于 7 个试管中，另吸取 4mL 水于试剂空白管，各加入 1.0mL 20g/L 2，4 - 二硝基苯肼溶液，混匀，将全部试管放入（37±5）℃恒温箱或恒温水浴中，保温 3h。

（4）保温后将 8 个试管取出，全部放入冰水冷却后，向每一试管中各加入 5mL 85% 硫酸溶液，滴加时间至少 1min，边加边摇。将试管自冰水取出，在室温放置 30min 后，以试剂空白管调零，比色测定。

以吸光度为纵坐标，抗坏血酸含量（mg）为横坐标绘制标准曲线或计算回归方程。

【结果与计算】

样品中总抗坏血酸含量按下式计算，计算结果保留 2 位有效数字。

$$X = \frac{m_1}{m_2} \times 100$$

式中　X——样品中总抗坏血酸的质量分数，mg/100g

　　　m_1——由标准曲线查得或由回归方程计算得到试样测定液总抗坏血酸质量，mg

　　　m_2——测定时所取滤液相当的样品质量，g

【注意事项】

（1）试样制备过程应避光。

（2）本方法测定的是还原性抗坏血酸的含量，适用于水果、蔬菜及其制品中总抗坏血酸的测定。2，4 - 二硝基苯肼比色法容易受共存物质的影响，特别是谷类食品，必要时可进行纯化。

（3）利用普鲁士蓝反应可对铁离子存在与否进行检验：将 20g/L 亚铁氰化钾与 1% 盐酸等量混合，将需检测的样液滴入，如有铁离子则产生蓝色沉淀。

（4）硫脲的作用在于防止抗坏血酸的继续被氧化和有助于脎的形成。

（5）加硫酸显色后，溶液颜色可随时间的延长而加深，因此，在加入硫酸溶液 30min 后，应立即比色测定。

（6）本法在 1～12μg/mL 抗坏血酸呈良好线性关系，最低检出限为 0.1μg/mL。

（7）食品分析中的总抗坏血酸是指抗坏血酸和脱氢抗坏血酸二者的总量，若食品中本身含有二酮古洛糖酸（抗坏血酸的氧化产物），则导致检测总抗坏血酸含量偏高。

【思考题】

1. 试样制备过程为何要避光处理？

2. 为何加入 85% 硫酸溶液时，速度要慢且需在冰浴条件下完成？解释若加酸速度过快使样品管中液体变黑的原因。

综合性实验

实验 29　血清 γ - 球蛋白的分离、纯化与鉴定

【实验目的】

1. 了解蛋白质分离提纯的总体思路。
2. 掌握盐析法、分子筛层析法、离子交换层析等实验原理及操作技术。

【实验原理】

血清中蛋白质按电泳法一般可分为五类：清蛋白、α_1 - 球蛋白、α_2 - 球蛋白、β - 球蛋白和 γ - 球蛋白，其中 γ - 球蛋白含量约占 16%，100mL 血清中约含 1.2g。

首先利用清蛋白和球蛋白在高浓度中性盐溶液中（常用硫酸铵）溶解度的差异而进行沉淀分离，称为盐析法。半饱和硫酸铵溶液可使球蛋白沉淀析出，清蛋白则仍溶解在溶液中，经离心分离，沉淀部分即为含有 γ - 球蛋白的粗制品。

用盐析法分离而得的蛋白质中含有大量的中性盐，会妨碍蛋白质进一步纯化，因此，首先必须去除。常用的方法有透析法、凝胶层析法等。本实验采用凝胶层析法，其目的是利用蛋白质与无机盐类之间相对分子质量的差异。当溶液通过 Sephadex G - 25 凝胶柱时，溶液中分子直径大的蛋白质不能进入凝胶颗粒的网孔，而分子直径小的无机盐能进入凝胶颗粒的网孔之中。因此，在洗脱过程中，小分子的盐会被阻滞而后洗脱出来，从而可达到去盐的目的。

脱盐后的蛋白质溶液尚含有各种球蛋白，利用它们等电点的不同可进行分离。α - 球蛋白、β - 球蛋白的 $pI < 6.0$；γ - 球蛋白的 pI 为 7.2 左右。因此，在 pH 6.3 的缓冲溶液中，各类球蛋白所带电荷不同。经 DEAE（二乙基氨基乙基）- 纤维素阴离子交换层析柱进行层析时，带负电荷的 α - 球蛋白和 β - 球蛋白能与 DEAE - 纤维素进行阴离子交换而被结合；带正电荷的 γ - 球蛋白则不能与 DEAE - 纤维素进行交换结合而直接从层析柱流出。因此随洗脱液流出的只有 γ - 球蛋白，从而使 γ - 球蛋白粗制品被纯化。其反应式如下：

$$\alpha - \text{和} \beta - \text{球蛋白} \underset{NH_3^+}{\overset{COO^-}{<}} \xrightarrow[(OH^-)]{pH\ 6.3} \alpha - \text{和} \beta - \text{球蛋白} \underset{NH_2}{\overset{COO^-}{<}} + H_2O$$

$$\gamma - 球蛋白 \begin{matrix} COO^- \\ | \\ | \\ NH_3^+ \end{matrix} \xrightarrow[(H^+)]{pH\ 6.3} \gamma - 球蛋白 \begin{matrix} COOH \\ | \\ | \\ NH_3^+ \end{matrix}$$

$$纤维素 - O - (CH_2)_2 - N(C_2Hg)_2 \xrightarrow[H^+ + H_2PO_4^-]{pH\ 6.3} 纤维素 - O - (CH_2)_2 - \overset{C_2H_5}{\underset{H}{\overset{|}{N}}} \cdot H_2PO_4^-$$

纤维素 $- O - (CH_2)_2 - \overset{C_2H_5}{\underset{H\quad C_2H_5}{\overset{|}{\overset{+}{N}}}} \cdot H_2PO_4^- + \alpha -$ 和 $\beta -$ 球蛋白 $\overset{COO^-}{\underset{NH_2}{|}} \longrightarrow$

纤维素 $- O - (CH_2)_2 - \overset{C_2H_5}{\underset{H\quad C_2H_5}{\overset{|}{\overset{+}{N}}}} \cdot \alpha -$ 球蛋白 $\overset{COO^-}{\underset{NH_2}{|}}$ 和 $\beta -$ 球蛋白 $\overset{COO^-}{\underset{NH_2}{|}} + H_3PO_4$

判断用上述方法分离得到的 γ - 球蛋白是否纯净，可将纯化前后的 γ - 球蛋白进行电泳比较、鉴定。

【实验材料、仪器与试剂】

1. 实验材料

人血清。

2. 实验仪器

层析柱，长滴管，乙酸纤维素薄膜常压电泳仪，点样器（市售或自制），培养皿（染色及漂洗用），粗滤纸，玻璃板，竹镊，白磁反应板。

3. 试剂

（1）饱和硫酸铵溶液　称取固体硫酸铵（分析纯）850g，置于1000mL蒸馏水中，在70～80℃水温中搅拌溶解。将酸度调节至 pH 7.2，室温中放置过夜，瓶底析出白色结晶，上清液即为饱和硫酸铵溶液。

（2）葡聚糖凝胶 G - 25　按每100mL凝胶床体积需要葡聚糖凝胶 G - 25 干胶25g。称取所需量置于锥形瓶中。每1g干胶加入蒸馏水约30mL，用玻璃棒轻轻混匀，置于90～100℃水温中时时搅动，使气泡逸出。1h后取出，稍静置，倾去上清液细粒。也可于室温中浸泡24h，搅拌后稍静置，倾去上清液细粒，用蒸馏水洗涤2～3次，然后加0.017mol/L磷酸盐缓冲液（pH 6.3）平衡，备用。

（3）DEAE - 32 纤维素　按100mL柱床体积需 DEAE - 纤维素14g称取，每1g加0.5mol/L盐酸溶液15mL，搅拌。放置30min（盐酸处理时间不可太长，否则 DEAE - 纤维素变质）。加约10倍量的蒸馏水搅拌，放置片刻，待纤维素下沉后，倾弃含细微悬浮物的上层液。如此反复数次。静置30min，虹吸去除上清液（也可用布氏漏斗抽干），直至上清液pH ＞4为止。加等体积1mol/L氢氧化钠溶液，使最终浓度约为0.5mol/L氢氧化钠，搅拌后放置30min，以虹吸除去上层液体。同上用蒸馏水反复洗至 pH ＜7 为止。虹吸去除上层液体，然后加入0.0175mol/L磷酸盐缓冲液（pH 6.3）平衡，备用。

（4）0.0175mol/L磷酸盐缓冲液（pH 6.3）

①A液：称取磷酸二氢钠（NaH$_2$PO$_4$ · 2H$_2$O）2.730g溶于蒸馏水中，加蒸馏水稀释

至 1000mL。

②B 液：称取磷酸氢二钠（$Na_2HPO_4 \cdot 12H_2O$）6.269g，溶于蒸馏水中，加蒸馏水稀释至 1000mL。

取 A 液 77.5mL，加于 22.5mL B 液，混匀后即成。

（5）20% 磺基水杨酸溶液。

（6）奈氏（Nessler）试剂应用液

①储存液：称取碘化钾（KI）7.58g 于 250mL 三角烧瓶中，用蒸馏水 5mL 溶解，再加入碘（I_2）5.5g 溶解，加 7~7.5g Hg 用力振摇 10min（此时产生高热，需冷却），直至棕红色的碘转变成带绿色的碘化汞钾液为止，过滤上清液倾入 100mL 容量瓶，洗涤沉淀，洗涤液一并倒入容量瓶内，用蒸馏水稀释至 100mL。

②应用液：取储存液 75mL 加 0.1g/mL NaOH 350mL，加水至 500mL。

（7）9g/L 氯化钠溶液。

（8）乙酸纤维素薄膜电泳有关试剂

①巴比妥缓冲液（pH8.6，离子强度 0.07）1000mL：巴比妥 2.76g，巴比妥钠 15.45g，加水至 1000mL。

②染色液 300mL：含氨基黑 10B 0.25g，甲醇 50mL，乙酸 10mL，水 40mL（可重复使用）。

③漂洗液 2000mL：含甲醇或乙醇 45mL，乙酸 5mL，水 50mL。

④透明液 300mL：含无水乙醇 7 份，乙酸 3 份。

【操作步骤】

1. 盐析——中性盐沉淀

取正常人血清 2.0mL 于小试管中，加 9g/L 氯化钠溶液 2.0mL，边搅拌混匀边缓慢滴加饱和硫酸铵溶液 4.0mL，混匀后于室温中放置 10min，3000r/min 离心 10min。小心倾去含有清蛋白的上清液，重复洗涤一次，于沉淀中加入 0.0175mol/L 磷酸盐缓冲液（pH 6.3）0.5~1.0mL 使之溶解。此液即为粗提的 γ-球蛋白溶液。

2. 脱盐——凝胶柱层析

（1）装柱　洗净的层析柱保持垂直位置，关闭出口，柱内留下约 2.0mL 洗脱液。一次性将凝胶从塑料接口加入层析柱内，打开柱底部出口，调节流速 0.3mL/min。凝胶随柱内溶液慢慢流下而均匀沉降到层析柱底部，最后使凝胶床达 20cm 高，床面上保持有洗脱液，操作过程中注意不能让凝胶床表面露出液面并防止层析床内出现"纹路"。在凝胶表面可盖一圆形滤纸，以免加入液体时冲起胶粒。

（2）上样与洗脱　可以在凝胶表面上加圆形尼龙滤布或滤纸使表面平整，小心控制凝胶柱下端活塞，使柱上的缓冲液面刚好下降至凝胶床表面，关紧下端出口，用长滴管吸取盐析球蛋白溶液，小心缓慢加到凝胶床表面。打开下端出口，将流速控制在 0.25mL/min 使样品进入凝胶床内。关闭出口，小心加入少量 0.0175mol/L 磷酸盐缓冲液（pH 6.3）洗柱内壁。打开下端出口，待缓冲液进入凝胶床后再加少量缓冲液。如此重复三次，以洗净内壁上的样品溶液。然后可加入适量缓冲液开始洗脱。加样开始应立即收集洗脱液。洗脱时接通蠕动泵，流速为 0.5mL/min，用部分收集器收集，每管 1mL。

（3）洗脱液中 NH_4^+ 与蛋白质的检查　取比色板两个（其中一个为黑色背底），按洗脱液的顺序每管取一滴，分别滴入比色板中，前者加20%磺基水杨酸溶液2滴，出现白色混浊或沉淀即示有蛋白质析出，由此可估计蛋白质在洗脱各管中的分布及浓度；于另一比色板中，加入奈氏试剂应用液1滴，以观察 NH_4^+ 出现的情况。

合并球蛋白含量高的各管，混匀。除留少量做电泳鉴定外，其余用 DEAE-纤维素阴离子交换柱进一步纯化。

3. 纯化——DEAE-纤维素阴离子交换层析

用 DEAE-纤维素装柱8~10cm高度，并用0.0175mol/L磷酸盐缓冲液（pH 6.3）平衡，然后将脱盐后的球蛋白溶液缓慢加于 DEAE-纤维素阴离子交换柱上，用同一缓冲液洗脱、分管收集。用20%磺基水杨酸溶液检查蛋白质分布情况（装柱、上样、洗脱、收集及蛋白质检查等操作步骤同凝胶层析）。

4. 浓缩

经 DEAE-纤维素阴离子交换柱纯化的 γ-球蛋白液往往浓度较低。为便于鉴定，常需浓缩。收集较稀的蛋白质溶液2mL，按每毫升加0.2~0.25g Sephadex G-25 干胶，摇动2~3min，3000r/min 离心5min。上清液即为浓缩的 γ-球蛋白溶液。

5. 鉴定——乙酸纤维素薄膜电泳

取乙酸纤维素薄膜2条，分别将血清、脱盐后的球蛋白、DEAE-纤维素阴离子交换柱纯化的 γ-球蛋白液等样品点上。然后进行电泳分离、染色、比较电泳结果。

（1）浸泡　用镊子取乙酸纤维薄膜2张（识别出光泽面与无光泽面，并在角上用笔做上记号）放在缓冲液中浸泡20min。

（2）点样　把膜条从缓冲液中取出，夹在两层粗滤纸内吸干多余的液体，然后平铺在玻璃板上（无光泽面朝上），将点样器先放置在白磁反应板上的样品中蘸一下，再在一端2~3cm处轻轻水平落下并随即提起，这样即在膜条上点上了细条状的样品（图3-1）。

图3-1　膜条上点样

（3）电泳　在电泳槽内加入缓冲液，使两个电极槽内的液面等高，将膜条平悬于电泳槽支架的滤纸桥上（先剪裁尺寸合适的滤纸条，取双层滤纸附着在电泳槽的支架上，使它的一端与支架的前沿对齐，而另一端浸入电极槽的缓冲液内，见图3-2）。用缓冲液将滤纸全部润湿并驱除气泡，使滤纸紧贴在支架上，即为滤纸桥（它是联系乙酸纤维薄膜和两极缓冲液之间的"桥梁"）。膜条上点样的一端靠近负极。盖严电泳室，通电。调节电压至160V，电流强度0.4~0.7mA/cm 膜宽，电泳时间约为25min。

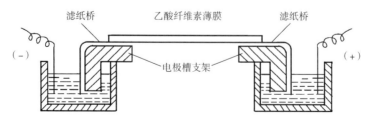

图3-2　乙酸纤维素薄膜电泳装置示意图

（4）染色　电泳完毕后将膜条取下并放在染色液中浸泡 10min。

（5）漂洗　将膜条从染色液中取出后移到漂洗液中漂洗数次至蛋白区底色脱净为止，可得色带清晰的电泳图谱，如图 3 - 3 所示。

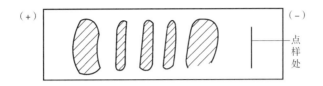

图 3 - 3　乙酸纤维薄膜血清蛋白电泳图谱

注：从左至右依次为：血清蛋白 α_1 - 球蛋白、α_2 - 球蛋白、β - 球蛋白、γ - 球蛋白。

定量测定时可将膜条用滤纸压平吸干，按区带分段剪开，分别浸在体积 0.4mol/L NaOH 溶液中，并剪取相同大小的无色带膜条作空白对照，进行比色。或者将干燥的电泳图谱膜条放入透明液中浸泡 2 ~ 3min 后取出贴于洁净玻璃板上，干后即为透明的薄膜图谱，可用光密度计直接测定。

【注意事项】

（1）凝胶及 DEAE 纤维处理期间，必须小心用倾泻法除去细小颗粒。这样可使凝胶及纤维素颗粒大小均匀，流速稳定，分离效果好。

（2）装柱是层析操作中最重要的一步。为使柱床装得均匀，务必做到凝胶悬液或 DEAE - 纤维素混悬液不稀不厚，一般浓度为 1:1，进样及洗脱时切勿使床面暴露在空气中，不然柱床会出现气泡或分层现象；加样时必须均匀，切勿搅动床面，否则均会影响分离效果。

（3）本法是利用 γ - 球蛋白的等电点与 α - 球蛋白、β - 球蛋白不同，用离子交换层析法进行分离的。因此层析过程中用的缓冲液 pH 要求精确。

（4）电泳注意事项。乙酸纤维薄膜的预处理：市售乙酸纤维薄膜均为干膜片，薄膜的浸润与选膜是电泳成败的关键之一。缓冲液的选择：乙酸纤维薄膜电泳常选用 pH 8.6 巴比妥溶液，其浓度为 0.05 ~ 0.09mol/L。加样量：加样量的多少与电泳条件、样品的性质、染色方法与检测手段灵敏度密切相关。电量的选择：电泳过程应选择合适的电流强度，一般电流强度为 0.4 ~ 0.5mA/cm 宽膜为宜。染色液的选择：对乙酸纤维薄膜电泳后染色应根据样品的特点加以选择。透明及保存：透明液应临用前配制，以免乙酸及乙醇挥发影响透明效果。

（5）凝胶使用后如短期不用，为防止凝胶发霉可加防腐剂如 0.02% 叠氮钠，保存于 4℃ 冰箱内。若长期不用，应脱水干燥保存。脱水方法为将膨胀凝胶用水洗净，用多孔漏斗抽干后，逐次更换由稀到浓的乙醇溶液浸泡若干时间，最后一次用 95% 乙醇溶液浸泡脱水，然后用多孔漏斗抽干后，于 60 ~ 80℃ 烘干储存。

（6）离子交换剂的价格较贵，每次用后只需再生处理便能反复使用多次。处理方法是：交替用酸、碱处理，最后用水洗至接近中性。阳离子交换剂最后为 Na$^+$ 型，阴离子以 Cl$^-$ 型是最稳定型，故阴离子交换剂处理顺序为碱—水—酸—水。由于上述交换剂都是糖链结构，容易水解破坏。因此，须避免强酸、强碱长时间浸泡和高温处理，一般纤维素浸泡时间为 3 ~ 4h。

离子交换剂容易长霉引起变质，不用时，需洗涤干净，加防腐剂置冰箱内保存。常用0.02%叠氮钠防腐。叠氮钠遇酸放出有毒气体，也是剧毒与易爆的危险品。使用时要加倍小心。

除用凝胶层析法去除无机盐类外，最常用的去盐法是透析。细的透析袋效率高，所需时间短。将透析袋一端折叠，用橡皮筋结扎，试验是否逸漏，然后倒入待透析的蛋白质溶液。勿装太满，将袋的另一端也结扎好，即可进行透析。开始可用流动的自来水，待大部分盐被透析出后，再改为生理盐水、缓冲液或蒸馏水。透析最好在较低的温度下，并在磁力搅拌器上进行。此法简单，易操作，仪器及试剂要求不高，但不如凝胶层析法效率高。

浓缩 γ - 球蛋白粗提液除上述方法外还可用透析袋浓缩。将待浓缩的蛋白质溶液放入较细的透析袋中，置入搪瓷盘内。透析袋周围可撒上聚乙二醇 6000（PEG6000），或聚乙烯吡咯烷酮，或蔗糖。以上物质在使用后（吸了大量水）都可以通过加温及吹风而回收；将装有蛋白质溶液的透析袋悬挂起来，用电风扇高速吹风（10℃以下），也可达到浓缩目的，以上两法虽不如 SephadexG - 25 干胶快，但价格较便宜，方法也不烦琐。

实验 30　酪氨酸酶的提取及其酶促反应动力学研究

【实验目的】

1. 认识生物体中酶的存在和催化作用，了解生物体系中酶促反应的特点，认识一些生物化学过程的特殊性。

2. 掌握生物活性物质的提取和保存方法，了解研究催化反应特别是生物化学体系中催化过程的基本思想和方法。

【实验原理】

酶（Enzyme）是由生物细胞合成的、对特定底物（Substrate）起高效催化作用的蛋白质，是生物催化剂。生物体内所有的化学反应几乎都是在酶的催化作用下进行的。只要有生命活动的地方就有酶的作用，生命不能离开酶的存在。在酶的催化下，机体内物质的新陈代谢有条不紊地进行着；同时又在许多因素的影响下，酶对代谢发挥着巧妙的调节作用。生物体的许多疾病与酶的异常密切相关；许多药物也可通过对酶的作用来达到治疗的目的。随着酶学研究的深入，必将对人类社会产生深远影响和做出巨大贡献。

酶的化学本质是蛋白质（具有催化活性的 RNA 除外）。结构上，同样具有一、二、三级结构，有些酶还具有四级结构。分子的化学组成上，有单纯酶和结合酶之分。单纯酶分子是仅由蛋白质构成的酶，不含其他物质，如脲酶、活化蛋白酶、淀粉酶、核糖核酸酶等。结合酶分子是由蛋白质分子和非蛋白质部分组成，前者称为酶蛋白（apoenzyme），后者称为辅助因子（cofactor）。辅助因子是金属离子或有机小分子。酶蛋白与辅助因子结合形成的复合物称为全酶（holoenzyme），酶蛋白和辅助因子各自独立存在时，均无催化活性，只有全酶才有催化活性。在酶促反应中酶蛋白决定着反应的专一性和效率，而辅助因子则决定着反应的种类和性质。

辅助因子按其与酶蛋白结合的紧密程度和作用特点，一般分为辅酶（coenzyme）和辅基（prosthetic group）。辅酶是指辅助因子与酶蛋白结合松弛，没有固定的组成比，往往可用透析或超滤法除去，在反应中作为底物接受质子或基团后离开酶蛋白，参加另一酶促反应并将所携带的质子或基团转移出去，或者相反。而辅基是指与酶蛋白结合比较紧密，与酶蛋白有一定的组成比，不能通过透析或超滤法除去，在反应中辅基不能离开酶蛋白。

辅助因子中大部分是金属离子，约占 2/3。小部分是稳定的有机小分子。常见的金属离子有 K^+、Na^+、Mg^{2+}、Ca^{2+}、Cu^{2+}（Cu^+）、Zn^{2+}、Fe^{2+}（Fe^{3+}）等。金属离子以辅基出现的称为金属酶，以辅酶出现的称为金属激活酶。金属辅助因子的作用是多方面的，或者作为酶活性中心的催化基团参与催化反应，传递电子；或者作为连接酶与底物的桥梁，便于酶对底物起作用；或者是稳定酶的构象所必需的；或者中和阴离子，降低反应中的静电作用等。有机小分子的辅助因子，主要是参与酶的催化过程，在反应中传递电子、质子或一些基团。

酶分子中能与底物作用或结合形成酶-底物中间配合物的区域称为酶的活性中心。对于结合酶而言，辅酶（辅基）分子或分子中的某一部分结构往往就是活性中心的组成部分。

酶既具备一般非生物催化剂的加快反应速度的功能，又具有一般催化剂所不具备的生物大分子的特征。

酶与一般非生物催化剂相比，具有以下特点：

（1）酶的主要成分是蛋白质　它具有表现活性和专一性所必需的空间结构，以提供反应中心。由于蛋白质遇高温、强酸、强碱、重金属盐或紫外线等容易变性而失活，所以酶促反应都是在比较温和的条件下进行的，如人体中的各种酶促反应，一般都在体温（37℃）和 pH 约为 7 的条件下进行。

（2）酶促反应所需的活化能较低　如使 1mol 蔗糖水解所需活化能高达 1389kJ，用 H^+ 作催化剂时活化能降至 87.9kJ，若用蔗糖酶催化时只需 39.3kJ。

（3）酶的催化效率非常高　酶的催化效率通常比非催化反应高 $10^8 \sim 10^{20}$ 倍，比一般非生物催化剂高 $10^7 \sim 10^{13}$ 倍。如存在于血液中能催化 H_2CO_3 分子分解的碳酸酐酶，它的催化效率非常高，每一分子每分钟可以催化 1.9×10^7 个 H_2CO_3 分子分解。正是因为血液中有这样高效率的酶，才能及时完成排放 CO_2 的任务，维持血液的正常生理 pH。

（4）酶具有高度的专一性　酶对所作用的底物有严格的选择性，每一种酶只能对某一类物质甚至只对某一种物质起催化作用，这是一般非生物催化剂所无法比拟的。

酶的以上特性已引起化学工作者的极大兴趣，如酶正被作为分析试剂、探针得到应用；生物酶的化学模拟已广泛开展，将为研制高性能的工业催化剂奠定基础。酶的电化学研究的开展还开辟了生物电化学的新领域。酶化学是一门交叉学科，对其研究具有广阔的前景。

酶促反应动力学是酶化学的主要内容之一，这方面的研究具有重要的理论和实践意义。

本实验拟通过从马铃薯等物中提取酪氨酸酶并对其酶促反应动力学的研究，进而对酶有个初步的认识。当马铃薯、苹果、香蕉或蘑菇受损伤时，在空气作用下，很快变为棕色，这是因为它们的组织中都含有酪氨酸和酪氨酸酶，酶存在于组织内部，当内部物质暴露于空气中，在氧的参与下将发生如下反应，生成黑色素反应式如下：

　　影响酶作用的因素有酶的浓度、底物浓度、pH、温度和抑制剂等。在酶浓度恒定的情况下，增加底物的浓度，可以提高酶促反应的初速度。当底物浓度增至某一限度后，反应初速度就不再随底物的浓度而变化，而是逐渐趋近某一极限值，这个极限值称为最大速度（V_{max}）。

　　大量实验表明，在酶催化过程中，酶（E）首先与底物（S）结合成中间络合物（ES），然后再分解成为产物（P）和酶：

$$E + S \underset{k_2}{\overset{k_1}{\rightleftharpoons}} [ES] \xrightarrow{k_3} P + E$$

而产物生成速度取决于 ES 络合物的分解速度。Michaelis 和 Meten 应用动力学方法，推导得到一个动力学方程，定量描述了底物浓度与酶促反应速度的关系：

$$V_i = k_3 \frac{[E] \cdot [S]}{K_m + [S]} = \frac{V_{max}[S]}{K_m + [S]}$$

　　上式称为米氏方程式。米氏常数 K_m 在大多数情况下为 $10^{-6} \sim 10^{-1}$ mol/L。当 $k_2 \gg k_3$ 时，K_m 可看成是 ES 的离解常数，也可以作为衡量酶与其底物结合力的尺度，K_m 越大，表示酶与其底物的结合力越小，反之，则越大。对每一个酶 – 底物体系来说，K_m 是一个特征值，它与酶的浓度无关，但与 pH、温度及其他外在因素有关。K_m 的物理意义是：当酶促反应速率达到最大反应速率一半时的底物浓度，单位是 mol/L。不同的酶存在不同的 K_m。若底物不同，K_m 也不同，所以 K_m 常用于酶的鉴定。

　　参数 K_m 和 V_{max} 可由选择不同的 [S] 测定相应的 V_i，然后用双倒数作图法求得。米氏方程式的倒数形式为：

$$\frac{1}{V_i} = \frac{K_m + [S]}{V_{max}[S]} = \frac{K_m}{V_{max}} \cdot \frac{1}{[S]} + \frac{1}{V_{max}}$$

以 $1/V_i$ 对 $1/[S]$ 作图，可得 Lineweaver – Burk 图，由直线的斜率和截距可求 K_m。

数据处理中也可以根据最小二乘法对所得实验数据进行拟合，使处理的准确性提高。

以下介绍最小二乘法的方法：

设随机变量 y 随自变量 x 变化。给定观测数据 (x_i, y_i) （$i = 0, 1\cdots n-1$），用直线 $y = ax + b$ 作回归分析。其中 a，b 为回归系数。

为确定回归系数 a 和 b，通常采用最小二乘法，即要使 q 达到最小。

$$q = 2\sum_{i=0}^{n-1}\left[y_1 - (ax_1 + b)\right]^2$$

根据极值原理，a 与 b 应满足下列方程：

$$\frac{\partial Q}{\partial a} = 2\sum_{i=0}^{n-1}\left[y_1 - (ax_1 + b)\right](-x_1) = 0$$

$$\frac{\partial Q}{\partial b} = 2\sum_{i=0}^{n-1}\left[y_1 - (ax_1 + b)\right](-1) = 0$$

从而解得

$$a = \frac{\displaystyle\sum_{i=0}^{n-1}(x_i - \bar{x})(y_i - \bar{y})}{\displaystyle\sum_{i=0}^{n-1}(x_i - \bar{x})^2}$$

其中

$$\bar{x} = \sum_{i=0}^{n-1}\frac{x_i}{n}, \bar{y} = \sum_{i=0}^{n-1}\frac{y_i}{n}$$

根据上述最小二乘法，可以在实验中编写程序处理成线性关系的物理量值，快速准确地得到各项实验数据。

酶活性测定的目的是为了了解组织提取液、体液或纯化的酶液中酶的存在与多寡。由于含量甚微且酶蛋白大多与其他蛋白相混合，将其提纯是一件耗时耗力的事，很难直接测定其含量。而酶的活性被定义为酶催化化学反应的能力，其衡量的标准是酶促反应速度的大小。酶促反应速度可用在适宜的特定条件下单位时间内底物消耗量或产物生成量来表示。

因为在酪氨酸酶中含有铜，因此铜的络合剂如二乙基二硫代氨基甲酸钠、叠氮化物、氰化物、苯硫脲或半胱氨酸都是酪氨酸酶活性的有效抑制剂，它们的存在能减慢或停止酶促反应的进行。

【实验材料、仪器与试剂】

1. 实验材料

马铃薯（或苹果）。

2. 实验仪器

分光光度计，离心机，研钵，水浴，秒表。

3. 试剂

pH 6.8 的磷酸钠缓冲溶液，1 - 多巴（左旋多巴，二羟基苯丙氨酸）溶液（每 1L 缓冲溶液中含多巴 4mg)，铜试剂（二乙基二硫代氨基甲酸钠)，用缓冲液配制成 10^{-3} mol/L。

【操作步骤】

1. 酶的提取

在预冷的研钵中放入12.5g经过冰冻的切碎了的马铃薯（或苹果），加入冰冷的25mL磷酸钠缓冲溶液，用力研磨挤压（约1min）。用两层纱布滤出提取液，立即离心分离（约3000r/min，5min）。倾出上层清液保存于冰浴或冰箱中（实验中，酪氨酸酶必须在临使用前制备）。

2. K_m和V_{max}的测定

在6支干燥试管中，按表3-1中所列的用量依次加入缓冲液、多巴溶液，摇匀并在30℃下恒温。然后加入酶提取物，立即计时，反应物经充分混合后立即于475nm处、在1cm比色皿中测定1min时的吸光度，以缓冲液和酶作参比溶液，应用吸光系数$\lg\varepsilon=3.7$，求出V_i。

表3-1 　　　　　　　　　　　　K_m和V_{max}的测定数据记录表 　　　　　　　　　单位：mL

试剂	0	1	2	3	4	5
缓冲液	4.8	3.8	3.3	2.8	2.3	1.8
多巴	0.0	1.0	1.5	2.0	2.5	3.0
酶提取物	0.2	0.2	0.2	0.2	0.2	0.2
A_{475nm}						

3. 抑制剂的影响

在6支干燥试管中，按表3-1中所列的用量（mL）依次加入缓冲液、多巴溶液和铜试剂溶液后在30℃下恒温，加入酶后立即计时，于475nm处测定1min时的吸光度，绘制抑制剂浓度对反应初速度的图。

【结果与计算】

不同酶加入量的动力学曲线：以$1/V_i$为纵坐标，$1/[S]$为横坐标，可得出Lineweaver-Burk图，直线的斜率为K_m/V_{max}，在纵坐标上的截距为$1/V_{max}$。

实验数据填入表3-2。

该步骤可用最小二乘法拟合得出直线的斜率。

表3-2 　　　　　　　　　　　　抑制剂的影响测定数据记录表 　　　　　　　　　　单位：mL

试剂	0	1	2	3	4	5
缓冲液	4.6	2.6	2.5	2.4	2.3	2.2
多巴	0.0	2.0	2.0	2.0	2.0	2.0
铜试剂	0.0	0.0	0.1	0.2	0.3	0.4
酶提取物	0.4	0.4	0.4	0.4	0.4	0.4
A_{475nm}						

【思考题】

1. 影响酶活性的因素有哪些？

2. 提取物在放置过程中为何会变黑？

3. 热处理后酶的活性为何会显著降低？

实验 31　固定化酵母细胞及蔗糖酶的检测

【实验目的】

1. 了解酶与细胞固定化方法并掌握一种酵母细胞固定化技术。

2. 了解蔗糖酶活力的测定原理及还原糖的定性检测法。

【实验原理】

固定化酶和固定化细胞是利用物理及化学的处理方法，将水溶性酶或细胞与固体的水不溶性支持物（或称载体）相结合，使其既不溶于水，又能保持酶和微生物的活性。它们在固相状态下增加机械强度，稳定性提高，可回收反复使用，并在储存较长时间后依然保持酶和微生物的活性不变。

（1）常用的固定化方法

①物理吸附法；

②交联法；

③包埋法。

（2）相对于固定化酶，微生物细胞固定化技术的优点是可避免复杂的酶提取和纯化过程，也降低了成本，同时也解决了酶的不稳定性问题，操作稳定性也较好。

（3）微生物细胞固定化常用的载体

① 多糖类（纤维素、琼脂、葡萄糖凝胶、海藻酸钙、角叉胶、DEAE - 纤维素等）；

② 蛋白质（骨胶原、明胶等）；

③ 无机载体（氧化铝、活性炭、陶瓷、磁铁、二氧化硅等）。

（4）蔗糖酶活力的检测原理是利用了蔗糖酶可以催化蔗糖水解生成果糖和葡萄糖，而单糖含有游离羰基，具有弱还原性。某些弱氧化剂（如硫酸铜的碱性溶液，即斐林试剂）与单糖在煮沸的条件下，会有溶液的显色变化过程：浅蓝色→棕色→砖红色（氧化亚铜沉淀），而蔗糖不能与斐林试剂发生颜色反应，且葡萄糖溶液浓度越高，颜色越深。

【实验仪器与试剂】

（1）实验仪器

试管，吸管（2mL×2），水浴锅，漏斗。

（2）试剂

海藻酸钠若干克，卡氏酵母液，4% $CaCl_2$，10% 蔗糖液 100mL，斐林试剂甲、乙液。

【操作步骤】

1. 酵母细胞固定化

称取海藻酸钠 1g 加入 100mL 水中，微火加热溶解后冷却到 30℃，将预先准备好的卡氏酵母液 15mL（若浓度低，可提高加入量）加入混匀。用胶头滴管慢慢滴入 4% 150mL 氯化钙溶液中，制成直径为 2~3mm 的球形固定化酵母。刚形成的凝胶珠应在 $CaCl_2$ 溶液中浸泡一段时间，以便形成稳定的结构。

检验凝胶珠的质量是否合格，可以使用下列方法。一是用镊子镊起一个凝胶珠放在实验桌上用手挤压，如果凝胶珠不容易破裂，没有液体流出，就表明凝胶珠制作成功。

将固定化酵母细胞装入玻璃柱中（柱下端口塞上棉花），从柱上端加入 10~20mL 10% 的蔗糖液，静置反应 10min。控制一定的流速使水解糖液滴入烧杯中。

2. 蔗糖酶的检测

吸取上述水解液 2mL 于干净试管中，加入斐林试剂 2mL，沸水浴中 1~2min，观察颜色变化。有氧化亚铜沉淀的说明蔗糖已被水解，管中有蔗糖酶的存在。以 10% 蔗糖液作为空白对照。

【注意事项】

（1）酵母细胞的活化。在缺水的状态下，微生物会处于休眠状态。酵母细胞所需要的活化时间较短，一般需要 0.5~1h，需提前做好准备。此外，酵母细胞活化时体积会变大，因此，活化前应该选择体积足够大的容器，以避免酵母细胞的活化液溢出容器外。

（2）加热使海藻酸钠溶化是操作中最重要的一环，关系到实验的成败，海藻酸钠的浓度决定固定化细胞的质量。如果海藻酸钠浓度过高，将很难形成凝胶珠；如果浓度过低，形成的凝胶珠所包埋的酵母细胞的数目少，影响实验效果。可以通过观察凝胶珠的颜色和形状来判断：如果制作的凝胶珠颜色过浅、呈白色，说明海藻酸钠的浓度偏低，固定的酵母细胞数目较少；如果形成的凝胶珠不是圆形或椭圆形，则说明海藻酸钠的浓度偏高，制作失败，需要再做尝试。

【思考题】

1. 实验中海藻酸钠和氯化钙的作用是什么？
2. 实验中所用的斐林试剂含有什么化学成分？它们的作用是什么？如何使用？

实验 32　发酵过程中无机磷的利用和 ATP 的生成（ATP 的生物合成）

【实验目的】

1. 了解 ATP 生物合成的意义。
2. 掌握无机磷的测定方法。
3. 掌握 DEAE – 纤维素薄板层析法测 ATP 的形成。

【实验原理】

在适当条件下，酿酒酵母分解发酵液中的葡萄糖，释放出能量。同时还利用无机磷，使磷酸腺苷（AMP）转变成腺嘌呤核苷三磷酸（ATP），一部分能量即储存于 ATP 分子中。

因此，在发酵过程中，可测得发酵液中的无机磷含量降低和 ATP 含量的上升。

【实验仪器与试剂】

1. 实验仪器

量筒（50mL，100mL），烧杯（200mL），吸管（0.5mL，1.0mL，5.0mL，10.0mL），电子分析天平，水浴锅，离心机4000r/min，722型分光光度计。

水平板，水平仪，紫外分析仪（254nm），玻璃片（4cm×15cm），电动搅拌器，微量点样管，电吹风。

2. 试剂

（1）0.02g/mL 三氯乙酸溶液　2g三氯乙酸，溶于100mL蒸馏水。

（2）过氯酸溶液　0.8mL高氯酸，加蒸馏水8.4mL。

（3）阿米酚试剂　取阿米酚［amidol，二氢氯化-2，4-二氨基苯酚，分子式：$(NH_2)_2C_6H_3OH \cdot 2HCl$］2g，与亚硫酸氢钠（$NaHSO_3$）40g共同研磨，加蒸馏水200mL，过滤储于棕色瓶内备用。

（4）钼酸铵溶液　20.8g $(NH_4)_6Mo_7O_{24} \cdot 4H_2O$，溶于蒸馏水并稀释至200mL。

（5）6mol/L KOH 溶液。

（6）1mol/L HCl 溶液。

（7）ATP 溶液　称取ATP晶体（或粉末）50mg，溶于5.0mL蒸馏水，临用时配制。

（8）DEAE-纤维素（层析用）。

（9）1mol/L NaOH。

（10）0.05mol/L pH 3.5 柠檬酸钠缓冲液　称取柠檬酸12.20g，柠檬酸钠6.70g，溶于蒸馏水，稀释至2000mL。

（11）酿酒酵母　新鲜酿酒酵母悬浮于蒸馏水中，离心，弃去上清液。如此用蒸馏水洗涤酵母数次，最后将洗净的酵母沉淀冷冻保存。

（12）AMP 粗制品　用纸电泳法测得AMP含量。

【操作步骤】

1. 发酵

将1g KH_2PO_4 及5.8g K_2HPO_4 溶于30mL蒸馏水。另将1g 100% AMP（按实际含量折算）溶于少量蒸馏水，倾入上述磷酸钾溶液内，用6mol/L KOH溶液调至pH6.5，加热至37℃。

酵母50g，用90mL蒸馏水稀释，加热至37℃，倒入上述溶液中，再加 $MgCl_2$ 0.16g及葡萄糖5g，再加蒸馏水至160mL，混匀，立即取样1.0mL，分别测无机磷及ATP含量。此时测得的磷称为初磷。薄板层析图谱上只有AMP斑点，无ATP斑点。

每隔30min取样测定，至明显看出无机磷及AMP含量下降、ATP含量上升即可（1.5~2h）。

2. 发酵液样品处理

取1.0mL样液置离心管中，立即加入2%三氯乙酸溶液4.6mL，摇匀，离心（3000r/min）10min。上清液用以测定无机磷及ATP含量。

3. 无机磷测定

吸取上清液0.3mL置于试管内，加高氯酸溶液8.2mL、阿米酚试剂0.8mL、钼酸铵溶液0.4mL，混匀，10min后比色测定 A_{650nm}。

本实验无须无机磷的绝对量,故不绘制标准曲线。A_{650nm}数值下降即表示无机磷下降。一般情况下,当A_{650nm}下降至比初磷A_{650nm}小0.2单位时,发酵液中即有较多的ATP。

4. DEAE-纤维素薄板层析法测ATP的形成

方法见DEAE-纤维素薄板层析法测定核苷酸(实验33)。同时用ATP溶液作对照。

实验33 DEAE-纤维素薄板层析法测定核苷酸

【实验目的】

掌握DEAE-纤维素薄板层析法测定核苷酸的原理和方法。

【实验原理】

二乙氨基乙基纤维素,简称DEAE-纤维素,结构式如下:

$$CH_3-CH_2$$
$$N-CH_2-CH_2-纤维素$$
$$CH_3-CH_2$$

它是弱碱性阴离子交换剂,在pH3.5左右将 $N-$ 解离成 $N-$ 。

带负电荷的核苷酸离子就被交换上去。控制溶液的pH,使各种核苷酸所带净电荷不同,与DEAE-纤维素的亲和力也就不同,从而达到分离的目的。

【实验材料、仪器与试剂】

1. 实验材料

玻璃片$4cm \times 15cm$(×4),尼龙布,pH试纸(pH1~14),水平板,水平仪,铅笔,烧杯1000mL(×1),吸滤瓶1000mL(×1),布氏漏斗Φ20cm(×1)。

2. 实验仪器

紫外分析仪(254nm),电动搅拌器,电吹风,微量点样管$10\mu L$(×1)。

3. 试剂

(1)核苷酸样品。

(2)DEAE-纤维素(层析用)。

(3)1mol/L NaOH溶液。

(4)1mol/L HCl溶液。

(5)0.05mol/L柠檬-柠檬钠缓冲液(pH3.5) 称取柠檬酸12.20g,柠檬酸钠6.70g,溶于蒸馏水,稀释至2000mL。

【操作步骤】

1. DEAE-纤维素的处理

先用水洗,抽干后用4倍体积1mol/L NaOH溶液浸泡4h(或搅拌2h),抽干,蒸馏水洗至中性，再用 4 倍体积 1mol/L HCl 浸泡 2h（或搅拌 1h），抽干蒸馏水洗至 pH4.0 备用。

2. 铺板

将处理过的 DEAE - 纤维素放在烧杯里，加水调成稀糊状，搅匀后立即倒在干净玻璃板上（4cm×15cm），涂成均匀的薄层，放在水平板上，自然干燥或60℃烘干，备用。

3. 点样

在已烘干的薄板一端 2cm 处用铅笔轻划一基线，用微量点样管取样液 10μL，点在基线上，用冷风吹干。

4. 展层

在烧杯内置 pH 3.5 柠檬酸缓冲液（液体厚度约 1cm），把点过样的薄板倾斜插入此烧杯内（点样端在下），溶剂由下而上流动，当溶剂前沿到达距离薄板上端约 1cm 处（10min 左右）取出薄板，用热风吹干，用 260nm 紫外线照射 DEAE - 纤维素薄板层观看斑点（图 3 - 4）。DEAE - 纤维素经处理可反复使用。

此法具有快速、灵敏的特点。

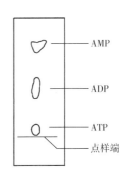

图 3 - 4　ATP、ADP 和 AMP 的 DEAE - 纤维素薄板层析图谱

【思考题】

1. 本实验是否要做无机磷的标准曲线？

2. DEAE - 纤维素如长期不用，应如何保存？

实验 34　兔抗人血清抗体的制备和效价测定

【实验目的】

1. 学习免疫动物和制备抗血清的方法。

2. 掌握双向免疫扩散测定抗血清效价的操作技术。

【实验原理】

凡能刺激机体产生抗体，并能与抗体发生特异性结合的物质称为抗原。物质所具有的这种特性称为抗原性（antigenicity）。当机体受抗原刺激后，在体液中出现的一种能与相应抗原发生反应的球蛋白，称为免疫球蛋白（immunoglobulin，Ig）。含有免疫球蛋白的血清称为免疫血清。

医学上常见的抗原物质，种类很多，如病原微生物及其代谢产物（毒素），异种动物血清（各种抗毒素，免疫血清的来源），同种血型抗原，同种异体皮肤、器官等组织抗原，自身组织抗原，肿瘤细胞抗原。具有抗原性的各种化学成分有蛋白质、脂蛋白、多糖体、脂多糖、糖蛋白、多肽以及核蛋白等，这些抗原物质均可刺激机体产生抗体或细胞免疫反应。机体在抗原物质的刺激下产生特异性免疫反应的过程，大体上可分为 3 个阶段。

（1）致敏阶段（加工处理抗原阶段）　当颗粒性抗原初次进入人体内时，首先被巨噬细胞吞噬（可溶性抗原可直接被 T 淋巴细胞吞饮，多糖与鞭毛抗原物质可直接作用于 B 淋巴细胞）。通过巨噬细胞质内溶酶体酶的作用，把抗原物质消化降解，而保留其抗原决定簇（特异性抗原成分）。经过加工处理的抗原分子结构比原来的小，抗原性却比原来的加强。当处理过的抗原与巨噬细胞的 RNA 结合成为抗原 – RNA 复合物（抗原信息），就具有强烈吸引免疫活性细胞的作用，能把抗原 – RNA 复合物传递给免疫活性细胞（immunologically competent cell），启动免疫反应。

（2）反应阶段（淋巴细胞分化增殖阶段）　免疫活性细胞在受到抗原信息的刺激后，发生母细胞化，进而大量增殖。由于抗原的性质不同，刺激 T 细胞分化成致敏淋巴细胞。抗原信息刺激 B 细胞使分化成浆细胞。在分化过程中小部分成为"记忆"细胞。由于"记忆"细胞的存在，即使抗原在浆内消失很久（数月至数年或更长）以后，仍能与再度进入体内的相应抗原迅速引起较强的免疫反应（回忆反应）。

（3）效应阶段（发生免疫反应阶段）　当致敏淋巴细胞再次遇到相应抗原的刺激后，能释放出多种具有生物活性的物质（淋巴因子），参与细胞免疫反应；浆细胞可形成各种类型的免疫球蛋白（抗体），参与体液免疫反应。

在免疫期间，不仅各个不同的动物，而且同一动物在不同的时间内抗血清效价、特异性、亲和力等都可能发生变化，因而必须经常进行采血测试。只有在对抗血清的效价、特异性、亲和力等方面做彻底的评价后，才可使用所取得的抗血清。

抗血清的效价是指血清中所含抗体的浓度或含量。效价测定的常用方法是放射免疫法，此法对所有的抗体均适用。某些由大分子（如蛋白类）抗原所产生的抗体，可用双扩散等方法测定。本实验采用双向免疫扩散法测定效价。

【实验材料、仪器与试剂】

1. 实验材料

健康家兔 2~3 只，年龄 6 个月以上，体重 2~3kg。

2. 实验仪器

注射器，研钵，解剖用具，玻璃板，打孔器，大表面皿。

3. 试剂

（1）弗氏不完全佐剂（Freund's incomplete adjuvant）　将液体石蜡 30mL、羊毛脂 10g 混合后熔化，分装小瓶，经高压灭菌后，保存于 4℃备用。

（2）弗氏完全佐剂（Freund's complete adjuvant）　在弗氏不完全佐剂中于配制乳剂时加入卡介苗即为弗氏完全佐剂，浓度为 10mg/mL。

（3）15g/L 的琼脂糖　称取 1.5g 琼脂糖以巴比妥缓冲液（离子强度 0.05，pH8.6）配制，定容至 100mL。

（4）巴比妥缓冲液（离子强度 0.05，pH8.6）　称取巴比妥钠 10.3g，加入 1mol/L HCl 8mL，混匀溶解，加蒸馏水至 1000mL，用于配琼脂糖凝胶用。

【操作步骤】

1. 抗血清制备

选择健康家兔 2~3 只，年龄 6 个月以上，体重 2~3kg，编号、标记。

2. 甲胎球蛋白抗原乳剂的制备

取 1mL 粗甲胎球蛋白制品（1~5mg/mL）加等体积完全佐剂，按照配制佐剂的研磨法，在无菌条件下，制成乳白色黏稠的油包水乳剂。将制得的乳剂滴于冰水上 5～10min 内完全不扩散为止。

3. 免疫方法

在选择的家兔四足掌处，剪去兔毛，经碘酒消毒，酒精脱碘后，皮内各注射 0.5mL 抗原 - 弗氏完全佐剂乳剂，以后每隔 7～10d 于两肩后侧及两髋附近皮下多点注射抗原 - 弗氏不完全佐剂，共 2～3 次，初步测出效价后，再进行一次加强免疫，即从耳静脉注射抗原 0.1～0.2mL，一周后放血。

4. 抗血清的采集与保存

取兔血有两种方法，一是耳缘静脉或耳动脉放血，一是颈动脉放血，也可心脏采血。取动脉或静脉放血时，剪去耳缘的毛，用少许二甲苯涂抹耳郭，30s 后，耳血管扩张、充血。用手轻拉耳尖，以单面剃须刀或尖的手术刀片，快速切开动脉或静脉，血液即流出，每次可收集 30～40mL。然后用棉球压迫止血，凝血后洗去二甲苯。两星期后，可在另一耳放血。此法可反复多次放血。颈动脉放血时，剪去颈部的毛，切开皮肤，暴露颈动脉，插管，放血。放血过程中要严格按无菌要求进行。

收集的血液置于室温下 1h 左右，凝固后，置 4℃下，过夜（切勿冰冻）析出血清，离心，4000r/min，10min。在无菌条件下析出血清，分装（0.05～0.2mL），贮于 -40℃ 以下冰箱，或冻干后贮存于 4℃ 冰箱保存。

5. 抗血清效价的测定

用移液管量取溶化琼脂糖放在干净平皿或玻片上，约 3mm 厚，待其冷却，完全凝固后，用打孔器打孔。中央孔内加适量抗原（容量为 50μL），周围各孔内分别加入 50μL 稀释度分别为 1:2、1:4、1:8、1:16、1:32 及不稀释的抗血清，37℃ 下孵育 24h，观察有无沉淀线产生，以判断血清的稀释度。

【注意事项】

玻璃板必须仔细洗干净，制胶板时放置水平，使制得的琼脂板厚度均匀。

【思考题】

1. 抗原免疫动物时加入佐剂的作用是什么？
2. 分析免疫失败的可能原因。

实验 35 有机废水的化学需氧量测定

【实验目的】

学会并掌握重铬酸钾法测化学需氧量。

【实验原理】

化学需氧量（chemical oxygen demand，COD）是指 1L 水中还原物质用强氧化剂使之氧化所消耗的氧量。常用的氧化剂为重铬酸钾或高锰酸钾。本实验介绍重铬酸钾法。原理是，在强酸性条件下用过量的重铬酸钾氧化样品中的还原性有机物及无机物，用硫酸亚铁铵溶液回滴。由消耗的重铬酸钾量计算出水样中物质被氧化所消耗的氧量，即化学需氧量（COD），用 mg/L 表示。

【实验仪器与试剂】

1. 实验仪器

24 号磨口三角瓶（500mL），24 号磨口回流冷凝管，酸式滴定管（50mL），电炉。

2. 试剂

（1）重铬酸钾标准溶液　称取分析纯 $K_2Cr_2O_7$（先在 105℃下烘烤 2h）12.258g，溶于少量蒸馏水中，置于 1L 容量瓶中稀释至刻度，浓度为 0.042mol/L。

（2）试亚铁灵指示剂　将 1.485g 化学纯邻菲罗啉（$C_{12}H_8N_2 \cdot H_2O$）和 0.695g 化学纯的硫酸亚铁（$FeSO_4 \cdot 7H_2O$），溶于蒸馏水中，稀释至 100mL。

（3）硫酸亚铁铵溶液（0.26mol/L）　称取 98g 分析纯硫酸亚铁铵 $[FeSO_4 (NH_4)_2SO_4 \cdot 6H_2O]$，溶于蒸馏水中，加 20mL 浓硫酸，待冷却后转入 1L 容量瓶中，稀释至刻度。使用时，需用重铬酸钾标准溶液标定。标定方法是：在 500mL 的三角瓶中放入 25mL 标准重铬酸钾溶液，用大约 300mL 蒸馏水稀释后，加入 20mL 浓硫酸，待冷却后加 2~3 滴试亚铁灵指示剂，再用硫酸亚铁铵溶液滴定至混合液由蓝绿色刚好变成红褐色为止。记录硫酸亚铁铵消耗量并按下式计算出它的摩尔浓度：

$$c = \frac{25 \times 0.26}{V}$$

式中　c——硫酸亚铁铵摩尔浓度，mol/mL

　　　V——硫酸亚铁铵消耗量，mL

（4）硫酸 - 磷酸 - 硫酸银溶液　将 10g 硫酸银（分析纯）溶解于 500mL 浓硫酸（分析纯）中，然后与 500mL 分析纯的浓磷酸混合均匀，置玻璃瓶中保存、备用。

（5）硫酸汞（$HgSO_4$）（化学纯）。

【操作步骤】

吸取 50mL 水样（或水样经适当稀释至 50mL），置 500mL 磨口三角瓶中，加入 25mL 重铬酸钾标准溶液和数粒玻璃珠，并边摇边加入 75mL 硫酸 - 磷酸 - 硫酸银溶液。

将磨口三角瓶接在磨口回流冷凝器上，让水循环流动。加热回流，待冷凝器开始有液滴滴入瓶中时计算时间，继续回流 2h 后关闭加热器。待三角瓶中混合液冷却后，再用 200mL 蒸馏水从回流管上口往下淋洗内壁，洗液并入三角瓶中。

冷却至室温后，加入 2~3 滴试亚铁灵指示剂，用硫酸亚铁铵标准溶液（已标定过的）滴定至溶液由黄色变到红褐色为止。记录下硫酸亚铁铵的用量。同时用 50mL 蒸馏水做空白实验，操作步骤与水样测定相同。

【结果与计算】

$$COD(mg/L) = \frac{(V_0 - V_1) \times c \times 8 \times 1000}{V_2}$$

式中　V_0——空白消耗的硫酸亚铁铵溶液，mL

V_1——水样消耗的硫酸亚铁铵溶液，mL

V_2——水样量，mL

c——硫酸亚铁铵溶液标定后的摩尔浓度，mol/L

8——O 摩尔质量的 1/2，g/mol

设计性实验

设计性实验要求在已掌握生物化学基础知识、基本理论和基本实验技能的基础上，根据实验室条件，完成选题、设计实验、实验准备、实施实验和实验论文撰写等全过程。培养动手能力，分析解决问题的能力和创新思维。

实验 36　蛋白质的制备及其含量的测定

【类型】

给定选题的综合设计性实验。

【基本内容】

利用已掌握的生物化学基础知识和实验技术，自行设计一种含蛋白质样品的前处理方法、蛋白质制备方法和含量测定方法。

【基本要求】

掌握常用的蛋白质制备和定量测定的方法及其原理，能够根据样品种类的不同设计相应的蛋白质制备方法，根据蛋白质性质不同选用相应的定量测定方法。学会设计并实施一种蛋白质制备及测定的实验方案；通过实验独立完成试剂的配制、蛋白质的制备、标准曲线的制作、蛋白质含量测定、结果计算、方案实施、总结等全过程；能够熟练使用离心机、分光光度计等仪器设备进行蛋白质的制备和测定。

可选择的蛋白质含量测定方法：

（1）紫外分光光度法；

（2）Bradford 法；

（3）微量凯氏定氮法；

（4）双缩脲法；

（5）Folin – 酚法。

具体操作步骤自己查阅资料。

【实验报告】

要求阐明实验目的、设计方案及设计原理、实验技术路线和参数选择的依据、实验参考文献、实验方法和步骤、实验结果和分析、总结。

一、蛋白质样品的选择、处理及制备

【设计要求】

（1）蛋白质样品的选择　乳制品、植物蛋白、动物蛋白等。

（2）处理方法的选择　根据所要制备和测定的蛋白质样品的来源、种类和特性选择处理的方法——可选择粉碎、匀浆、超声破壁等方法。

（3）制备方法的选择　根据要测定的蛋白质组分选择制备的方法——可选择粉碎后直接测定总蛋白质、采用特定溶剂提取后测定特定溶解性的蛋白质、分离纯化后测定特定组分的蛋白质等。

根据以上选择制订实验方案，并确定具体的实验参数，具体实验步骤和参数的选择可参考实验教材。

二、样品中蛋白质含量的测定

【设计要求】

（1）根据所制备的样品中蛋白质的性质选择合适的测定方法，如粗制品的总蛋白质含量一般可选择凯氏定氮法，纯化后没有干扰的蛋白质样品可选择紫外分光光度法等。

（2）参考所查文献中提供的可选用的方法，制定测定的具体实验方案：

①高国全，王桂云．生物化学实验［M］．武汉：华中科技大学出版社，2014.

②张峰，刘倩．生物化学实验［M］．北京：中国轻工业出版社，2018.

实验37　茶叶中茶多酚类物质的提取与含量测定

【类型】

给定选题的综合设计性实验。

【基本内容】

根据掌握的生物化学基础知识和现代生化实验技术，设计一种茶叶中茶多酚类物质的提取与含量测定的方法。

【基本要求】

掌握植物样品的常规制备方法，茶多酚类物质的提取和定量测定的方法及其原理，能够根据不同植物样品设计前处理方法，并根据提取目标物质的存在形式和性质的不同设计选用有针对性的细胞破壁方法、相应的溶剂、操作条件及其定量测定方法。通过实验方案设计及方法选择，使学生了解不同植物样品前处理方法的基本原理；熟悉生物活性物质提取的几种常用方法和含量测定方法的基本原理；学会设计并实施生物活性物质提取及测定的实验方案；通过实验独立完成试剂的配制、样品处理、提取方案的实施、标准曲线的制作、含量测定、结果计算、实验总结的全过程。并能够熟练使用实验室常规的仪器设备。可选择的提取方法和含量测定方法自己查相关文献。

【实验报告】

要求阐明实验目的、设计方案及设计原理、实验技术路线和参数选择的依据、实验参考文献、实验方法和步骤、实验结果和分析、总结。

一、茶叶样品的选择、处理及制备

【设计要求】

（1）茶叶样品的选择　鲜样或商品茶叶。

（2）处理方法的选择　根据所选样品选择处理的方法——可选择粉碎、匀浆、超声破壁等方法。

（3）提取方法的选择（查阅相关资料，根据方法设计具体实验步骤）。

（4）根据以上选择制订实验方案，并确定具体的实验参数，具体实验步骤和参数的选择可参考实验教材及其文献资料。

二、含量测定（本实验学习用酒石酸比色法测定茶多酚类物质的方法）

【设计要求】

（1）根据所提取的粗品的茶多酚含量选择标准曲线的绘制方法。

（2）参考所查文献资料提供的可选用的方法，制订测定的具体实验方案。

实验 38　天然产物中多糖的提取、纯化与鉴定

【类型】

给定选题的综合设计性实验。

【基本内容】

根据掌握的生物化学基础知识和现代生化实验技术，设计天然产物中多糖的提取、纯化与鉴定的一个完整的实验方案。

【基本要求】

掌握常见天然产物的常规前处理方法，多糖类物质的提取、纯化与鉴定的方法及其原理，能够根据不同天然产物设计前处理方法，并根据提取目标物质多糖的存在形式和性质设计选用有针对性的细胞破壁方法、相应的溶剂、操作条件及其鉴定方法。通过实验方案设计及方法选择，了解不同天然产物前处理方法的基本原理；熟悉生物活性物质提取的几种常用方法和鉴定方法的基本原理；学会设计并实施生物活性物质提取纯化及鉴定的实验方案；通

过实验独立完成试剂的配制、样品处理、提取方案和纯化及其鉴定方案的实施、实验总结等的全过程；并能够熟练使用实验室常规的仪器设备。自行查阅可选择的提取纯化方法和鉴定方法。

【实验报告】

要求阐明实验目的、设计方案及设计原理、实验技术路线和参数选择的依据、实验参考文献、实验方法和步骤、实验结果和分析、总结。

一、天然产物的选择、处理及制备

【设计要求】

（1）天然产物的选择。

（2）处理方法的选择 根据所选样品选择处理的方法——可选择粉碎、匀浆、超声破壁等方法。

（3）提取纯化方法的选择。

（4）根据以上选择制订实验方案，并确定具体的实验参数，具体实验步骤和参数的选择可参考实验教材及其文献资料。

二、鉴　　定

【设计要求】

（1）根据要求纯化的多糖选择制样的方法和选择操作条件。

（2）制订具体的实验方案。

实验 39　蛋白质表达、分离、纯化与鉴定

【类型】

给定选题的综合设计性实验。

【基本内容】

根据掌握的生物化学基础知识和现代生化实验技术，以大肠杆菌为蛋白质表达系统，设计携带有目标蛋白基因的质粒在大肠杆菌 BL21 中表达，采用亲和层析的方法分离纯化，以 SDS – 聚丙烯酰胺凝胶电泳的方法考察纯化效果以及鉴定目标蛋白质。

【基本要求】

掌握克隆基因表达的方法并理解其深刻意义，熟悉重组蛋白亲和层析分离纯化的方法，了解 SDS – 聚丙烯酰胺凝胶电泳实验原理，掌握凝胶电泳实验操作规程。通过实验方案设计及实施，加强对克隆基因表达以及蛋白质的分离、纯化和鉴定的基本原理的理解，对基因工程有初步的认识；通过教师指导实验全过程，学生能够熟练使用分子生物学实验室的常规仪

器设备。

自行查阅相关文献和参考相关实验室提供的实验方案进行设计。

【实验报告】

要求阐明实验目的、设计方案及设计原理、实验技术路线和参数选择的依据、实验参考文献、实验方法和步骤、实验结果和分析、总结。

一、蛋白质的表达、分离、纯化

【设计要求】

（1）表达系统的选择。

（2）培养基的选择以及诱导方案的确定。

（3）目标蛋白质分离纯化方法的选择。

（4）根据以上选择制订实验方案，并确定具体的实验参数，具体实验步骤和参数的选择可参考实验教材及其文献资料。

【实验目的】

1. 了解基因克隆、表达的方法和意义。

2. 了解重组蛋白亲和层析分离纯化的方法。

【实验原理】

基因的克隆和表达对理论研究和实验应用都具有重要的意义。通过表达能探索和研究基因的功能以及基因表达调控的机制，同时基因所编码的蛋白质表达纯化后可供蛋白质结构与功能的研究。大肠杆菌是目前应用最广泛的蛋白质表达系统，其表达外源基因产物的水平远高于其他基因表达系统，表达的目的蛋白量甚至能超过细菌总蛋白量的80%。本实验中，携带有目标蛋白基因的质粒在大肠杆菌 BL21 中，在37℃，异丙基 $-\beta-D-$硫代半乳糖苷（IPTG）诱导下，超量表达携带有 6 个连续组氨酸残基的重组氯霉素乙酰基转移酶蛋白，该蛋白可用一种通过共价偶联的次氨基三乙酸（nitrilotriacetic acid，NTA）使镍离子（Ni^{2+}）固相化的层析介质加以提纯，实为金属螯合亲和层析（metal chelate affinity chromatographic，MCAC）。蛋白质的纯化程度可通过聚丙烯酰胺凝胶电泳进行分析。

【实验仪器与试剂】

1. 实验仪器

摇床，离心机，层析柱（1cm×10cm）。

2. 试剂

（1）LB 液体培养基　蛋白胨 10g，酵母提取物 5g，NaCl 10g，用蒸馏水配至 1000mL。

（2）氨苄西林　100mg/mL。

（3）上样缓冲液　100mmol/L NaH_2PO_4，10mmol/L Tris，8mol/L 尿素，10mmol/L 2 - 巯基乙醇，pH8.0。

（4）清洗缓冲液 100mmol/L NaH$_2$PO$_4$，10mmol/L Tris，8mol/L 尿素，pH6.3。

（5）洗脱液缓冲液 100mmol/L NaH$_2$PO$_4$，10mmol/L Tris，8mol/L 尿素，500mmol/L 咪唑，pH8.0。

（6）IPTG 终浓度为 1mmol/L。

【操作步骤】

1. 氯霉素乙酰基转移酶重组蛋白的诱导

（1）接种含有重组氯霉素乙酰基转移酶蛋白的大肠杆菌 BL21 菌株于 5mL LB 液体培养基中（含 100μg/mL 氨苄西林），37℃振荡培养过夜。

（2）将 1mL 过夜培养物于 100mL（含 100μg/mL 氨苄西林）LB 液体培养基中，37℃振荡培养至 $A_{600nm}=0.6\sim0.8$。取 10μL 样品用于 SDS - PAGE 分析。

（3）加入 IPTG 至终浓度 0.5mmol/L，37℃继续培养 1~3h。

（4）10000r/min 离心 5min，弃上清液，菌体沉淀保存于 -20℃ 或 -70℃ 冰箱中。

2. 氯霉素乙酰基转移酶重组蛋白的分离、纯化

（1）NTA 层析柱的准备 在层析柱中加入 1mL NTA 介质，并分别用 8mL 去离子水，8mL 上样缓冲液洗涤。

（2）重组蛋白的变性裂解 在冰浴中冻融菌体沉淀，加入 5mL 上样缓冲液，用吸管抽吸重悬，离心超声波破裂菌体，用振荡器等轻柔地混匀样品 60min，4℃ 12000r/min 离心 20min，将上清液吸至一个干净的容器中并弃沉淀。取 10μL 上清样品用于 SDS - PAGE 分析。

（3）上清样品 以 10~15mL/h 流速进入 Ni^{2+} - NTA 柱，收集流出液，取 10μL 样品用于 SDS - PAGE 分析。

（4）洗脱杂蛋白 用清洗缓冲液以 10~15mL/h 流速洗柱，直至 $A_{280nm}=0.01$，分步收集洗脱液，3~4h，取 10μL 洗脱开始时的样品用于 SDS - PAGE 分析。

（5）洗脱目标蛋白 用洗脱液缓冲液洗柱，收集每 1mL 洗脱液，分别取 10μL 样品用于 SDS - PAGE 分析。

二、鉴定（聚丙烯酰胺凝胶电泳）

【设计要求】

（1）根据目标蛋白质的理化性质选择凝胶及其电泳操作条件。

（2）制订具体的实验方案。

（3）对结果进行分析讨论。

【实验目的】

1. 了解 SDS - 聚丙烯酰胺凝胶电泳实验原理。

2. 掌握凝胶电泳实验操作规程。

【实验原理】

电泳可用于分离复杂的蛋白质混合物，研究蛋白质的亚基组成等。在聚丙烯酰胺凝胶电

泳（PAGE）中，凝胶的孔径、蛋白质的电荷、大小和性质等因素共同决定了蛋白质的电泳迁移率。

蛋白质在聚丙烯酰胺凝胶中电泳时，它的迁移率取决于它所带净电荷以及分子的大小和形状等因素。但如果加入某种试剂使电荷因素消除，则电泳迁移率就取决于分子的大小，即可以用电泳技术测定蛋白质的相对分子质量。十二烷基硫酸钠（SDS）就具有这种作用。在蛋白质溶液中加入足够量 SDS 和硫基乙醇，SDS 可使蛋白质分子中的二硫键还原，蛋白质－SDS 复合物带上相同密度的负电荷，并可引起蛋白质构象改变，使蛋白质在凝胶中的迁移率不再受蛋白质原带的电荷和其形状的影响，而取决于相对分子质量的大小，因此聚丙烯酰胺凝胶电泳可以用于测定蛋白质的相对分子质量。

聚丙烯酰胺凝胶电泳大多在不连续系统中进行，其电泳槽缓冲液的 pH 与离子强度不同于配胶缓冲液。该凝胶包括积层胶和分离胶两部分。当两电极间接通电流后，凝胶中形成移动界面，并带动加入凝胶的样品中的 SDS 多肽复合物向前推进。样品通过高度多孔性的积层胶后，复合物在分离胶表面聚集成一条很薄的区带（或称积层）。由于不连续缓冲系统具有把样品中的复合物全部浓缩于极小体积的能力，从而大大提高了 SDS 聚丙烯酰胺凝胶的分辨率，使蛋白质依各自的大小得到分离。

【实验仪器与试剂】

1. 实验仪器

DYCZ－24D 型垂直板电泳槽，移液管（1mL，5mL，10mL），烧杯（25mL，50mL，100mL），细长头的吸管，微量注射器（10μL 或者 50μL）。

2. 试剂

（1）0.3g/mL 丙烯酰胺储存液　称取 30g 丙烯酰胺（AM），0.8g 甲叉双丙烯酰胺（Bis），用去离子水溶解后定容至 100mL，不溶物过滤去除后置棕色瓶贮于冰箱。

（2）1.5mol/L Tris（pH8.8）　1000mL 去离子水中含 181.7g Tris，调节 pH 至 8.8。

（3）1mol/L Tris（pH6.8）　1000mL 去离子水中含 121.2g Tris，调节 pH 至 6.8。

（4）0.1g/mL SDS。

（5）0.1g/mL 过硫酸铵　4℃保存。

（6）四甲基乙二胺（TEMED）。

（7）3×SDS 凝胶加样缓冲液　50mmol/L Tris－HCl（pH6.8），300mmol/L 二硫苏糖醇（DTT），0.06g/mL SDS，0.6% 溴酚蓝，30% 甘油。

（8）5×Tris－甘氨酸电泳缓冲液　15.1g Tris 碱，94g 甘氨酸（电泳级），50mL 0.1g/mL SDS，配至 1000mL。

（9）考马斯亮蓝染液　0.25g 考马斯亮蓝 G－250 溶于甲醇（甲醇:水 = 1:1）和 10mL 乙酸的混合液中。

（10）脱色液　水:乙酸:乙醇 = 6.7:0.8:2.5（体积比）。

【操作步骤】

1. SDS 聚丙烯酰胺凝胶的配制

（1）安装玻璃板，检查漏液情况。

（2）制备分离胶　按表4-1分离胶所示，依次在试管中混合各成分，一旦加入四甲基乙二胺（TEMED）后，凝胶即开始聚合，故应立即快速旋动混合物，迅速在两玻板的间隙中灌注丙烯酰胺溶液，注意留出积层胶所需空间，并在其上覆盖一层水或异丁醇溶液。将凝胶垂直放置于室温下。

（3）分离胶聚合后（约30min），倒出覆盖层液体，用移液枪将残留液体吸净。

（4）制备浓缩胶　按表4-1浓缩胶所示，依次在试管中混合各成分，一旦加入TEMED后，应立即快速旋动混合物，迅速在分离胶上灌注浓缩胶溶液，并立即在浓缩胶溶液中插入干净的电泳梳，小心避免混入气泡。将凝胶垂直放置于室温下。

表4-1　　　　　　　　　　　　　　分离胶和浓缩胶的制备

试剂	分离胶/5mL	浓缩胶/4mL
水	1.1mL	2.7mL
0.3g/mL 丙烯酰胺	2.5mL	0.67mL
1.5mol/L Tris（pH8.8）	1.3mL	0.5mL
0.1g/mL SDS	50μL	40μL
0.1g/mL 过硫酸铵	50μL	40μL
TEMED	2μL	4μL

2. 上样样品的处理

将样品置于 1×SDS 凝胶加样缓冲液中，在 100℃ 加热 5min 使蛋白质变性。加热后 3000r/min 离心 1min。

3. 电泳

（1）浓缩胶聚合完全后（约30min），将凝胶固定于电泳装置上，并加入 Tris-甘氨酸电泳缓冲液，然后小心移出电泳梳。

（2）按预定顺序加样，小心缓慢加入样品，每个样品加12μL。

（3）将电泳与电源相接，凝胶上所加电压为8V/cm，当染料前沿进入分离胶后，把电压提高到15V/cm，继续电泳直至溴酚蓝到达分离胶底部（约4h），然后关闭电源。

（4）将玻璃板从电泳装置上卸下，并将凝胶取出，在第一点样侧的凝胶上切去一角以标注凝胶的方位。

4. 考马斯亮蓝染色

（1）用染液浸泡凝胶，用保鲜膜封好，略微加热，放在水平摇床上染色15min，重复加热染色1次。

（2）移出并回收染液，将凝胶浸泡于脱色液中，用保鲜膜封好，略微加热，放在水平摇床上脱色30min，更换脱色液，直至检出蛋白质条带，如图4-1所示。

（3）拍照并分析蛋白质的诱导、表达、分离纯化情况。

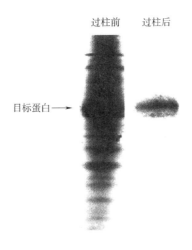

图 4 –1 目标蛋白分离纯化 SDS –PAGE 参考图谱

附　　录　　APPENDIX

附录一　试剂配制的一般注意事项

（1）在配制试剂时，首先要考虑清楚所配试剂的用途，并据此选择恰当规格的试剂，规定称量的精确程度，对水或其他溶剂的要求，所配数量以及对试剂瓶的要求等。一般说来，在定量分析中所用的试剂，对上述各方面都应要求严格。而在定性分析和制备中所用的试剂，则要求低一些。但这不是绝对的。因为在定性和制备实验中所用的某些试剂，常需在上述的某些方面要求严格；而定量分析中的有些试剂，在有些方面也可要求较低。

（2）要按规定精确称量。特别是在配制标准溶液、缓冲液时，更应严格称量。有特殊要求的，要按规定进行干燥、恒重、提纯等。

（3）一般溶液都应用蒸馏水或无离子水配制。有特殊要求的应按要求进行。

（4）化学试剂根据质量分级如附表1。配制试剂要按要求选用。

附表1　　　　　　　　　　　　　一般化学试剂的质量分级

标准的用途	规格				
	一级试剂	二级试剂	三级试剂	四级试剂	生物试剂
我国标准	保证试剂 G. R. 绿色标签	分析纯 A. R. 红色标签	化学纯 C. P. 蓝色标签	实验试剂 化学用 L. R.	B. R. 或 C. R.
国外标准	A. R. G. R. A. C. S. P. A. X. Ч.	C. P. Pu. S. S Puriss Ч. Д. А.	L. R. E. P. Ч.	P. Pure	
用途	纯度最高，含杂质最少。适用于最精确的分析及研究工作，配制标准溶液	纯度较高，含杂质最少。适用于精确的微量分析，为分析实验室广泛使用	质量略低于二级。适用于一般的微量分析，包括要求不高的工业分析和快速分析	纯度较低，但高于工业用试剂。适用于一般定性检验	根据说明使用

此外还有另外一些规格的试剂，如纯度很高的光谱纯、层析纯，纯度较低的工业用、药典纯（相当于四级）等。

（5）试剂（特别是液体和纯度高的固体试剂）一经取出，便不能再放回原瓶，以免因量器或药勺不清洁而污染整瓶试剂。取固体试剂时，必须用洁净干燥的药勺。

（6）配制试剂所用的玻璃器皿都要清洁干净。存放试剂的试剂瓶应清洁、干燥（或用所配试剂冲洗3~4次，少量多次，价格较贵的试剂不要这样做）。

（7）试剂配好后应即贴上标签。

（8）试剂用后要用原瓶塞塞紧，瓶塞不得粘上桌面上的污物或其他污物。

（9）试剂应根据需要量配制，一般不宜过多，以免积压浪费，过期失效。

（10）有些化学试剂极易变质，变质后不能继续使用。一般易变质和需要特殊方法保存的常用试剂见附表2。

附表2　　　　　　　　　　易变质和需要特殊方法保存的试剂

注意事项		试剂举例
需要密封	易潮解吸湿	氧化钙、氢氧化钠（钾）、碘化钾、三氯化铁、三氯乙酸
	易失水风化	结晶硫酸钠、硫酸亚铁、含水磷酸氢二钠、硫代硫酸钠
	易挥发	氨水、三氯甲烷、醚、碘、麝香草酚、甲醛、乙醇、丙酮、氢氧化钾（钠）
	易吸收 CO_2	硫酸亚铁、醚、醚类、酚、抗坏血酸和一切还原剂
	易氧化	四苯硼钠、丙酮酸钠、许多生物制品（常需冷藏）
	易变质	—
需要避光	见光变色	硝酸银（变黑）、酚（变淡红）、三氯甲烷（产生光气）、茚三酮（变淡红）
	见光分解	过氧化氢、三氯甲烷、漂白粉、氢氰酸
	见光氧化	乙醚、醛类、亚铁盐和一切还原剂
特殊方法保管	易爆炸	苦味酸、硝酸盐类、高氯酸、叠氮化钠
	剧毒	氰化钾（钠）、汞、砷化物、溴
	易燃	乙醚、甲醇、乙醇、丙醇、苯、石油醚、二甲苯、汽油
	腐蚀	强酸、强碱

需要密封的化学试剂，可先加塞塞紧，然后再用蜡封口。需要避光保存的试剂，可置于棕色瓶内，或用黑纸包装。

附录二 玻璃仪器的洗涤方法

玻璃仪器是生物化学实验的主要工具之一。清洁与否，直接影响实验的结果，如因为仪器不清洁或污染引起蛋白质变性或抑制酶的活性，造成错误的实验结果等。因此玻璃仪器的洗涤清洁工作是非常重要的。在实验的过程中每个人都要逐步养成保持所用玻璃仪器清洁、放置整齐的良好习惯。其清洗方法如下。

（一）一般玻璃仪器

如试管、烧杯、量筒和锥形瓶等。先用自来水冲去污物，浸于洗衣粉或肥皂水内，用毛刷细心地刷洗内外（也可用毛刷抹肥皂或洗衣粉刷洗），再用自来水冲洗，查看器壁上是否有水珠，有小水球表示未洗干净，应重复洗涤，直至无水珠为止。最后用蒸馏水少量冲洗2~3次。洗净的器皿倒置干净处晾干或烘箱烤干（量筒不可烘烤）。

（二）量度玻璃仪器

如吸管、滴定管和容量瓶等，使用后，应立即用清水冲洗除去血液、试剂等残留物（千万勿使其干涸），晾干后，再浸泡于铬酸清洁液中4~6h或过夜。然后用水充分冲洗，并查看是否洗净（方法同前），如已洗净再用少量蒸馏水冲洗2~3次，除吸管可烘干外，其他只能倒置晾干。

（三）洗涤液

实验室中除用水、洗衣粉和肥皂外，还使用一些化合物的溶液洗涤玻璃仪器。这些溶液称为洗涤液，其种类很多。现介绍如下几种。

1. 铬酸洗液（重铬酸钾－硫酸洗液，简称洗液）

这是实验室中使用最广泛的一种洗涤液。配方很多，可根据情况选用。现举两例配方：

（1）称取重铬酸钾50g，溶于100mL水中，再慢慢边加边搅动地加入浓硫酸（工业用）400mL，若中途温度过高，则暂停待稍冷后再加。冷却后即可使用。

（2）称取重铬酸钾5g，加水5mL，搅拌，使其溶解，慢慢加入浓硫酸（工业用）100mL。

铬酸洗液具有强烈的腐蚀性。皮肤、衣物等要避免与之接触。洗液应保存在密闭容器中，以防吸水。良好的洗液应呈褐红色，若溶液变成黑绿色表示已失效，无氧化能力，应更换。

2. 10%~20%尿素溶液

尿素溶液是蛋白质的良好溶剂，用以洗涤盛过血液等含蛋白质的器皿。

3. 硝酸洗涤液

用水与浓硝酸按1:1配制的硝酸溶液，可用以洗涤二氧化碳测定仪。

附录三　实验样品的处理与保存

生物化学所用的材料通常由动物、植物和微生物提供，其中包括蛋白质、酶、核酸等高分子化合物。但由于得到的样品往往是多种物质的混合物。因此，首先要对其进行处理，并合理的保存。

（一）动物样品

1. 动物脏器的处理与保存

（1）冰冻　刚宰杀牲畜的脏器要剥去脂肪和筋皮等结缔组织，若不立即进行抽提，应置于 -20℃冰箱短期保存，或 -70℃低温冰箱贮存。

（2）脱脂　脏器原料中常含有较多的脂肪，会严重影响纯化操作和制品的收率。一般脱脂的方法是人工剥去脂肪组织；浸泡在脂溶性有机溶剂（丙酮、乙醚）中；采用快速加热（50℃）、快速冷却方法，使熔化的油滴冷却凝成油块而被除去；也可利用索氏提取器使油脂与水溶液分离。

值得注意的是，离体不久的组织，在适宜的温度及 pH 等条件下，仍可进行一定程度的物质代谢，是测定相关物质或酶活的最佳时期。如果离体过久后，所含物质的量和生物活性都将发生变化。因此，利用离体组织进行代谢研究或作为提取材料时，必须在低温条件下，快速采集，并尽快进行提取或测定。

2. 血液样品的制备

（1）全血的制备　测定用的血液多由静脉采集。一般在饲喂前空腹采取，因为此时血液中化学成分含量比较稳定。采血所用针头、注射器、盛血容器等要清洁干燥，接血时应让血液沿容器壁缓缓注入，以防溶血和产生泡沫。一般血液取出后，迅速盛于含有抗凝剂的试管内，同时轻轻摇动，使血液与抗凝剂充分混合，以免形成凝血块。

（2）血浆的制备　由静脉采集的血液，加入装有抗凝剂的试管或离心管中，轻轻摇动，使血液与抗凝剂充分混合，以防止血块形成。2000r/min 离心 10min，血球下沉，上清液即为血浆。

（3）血清的制备　收集不加抗凝剂的血液，在室温下 5~20min 即自行凝固，一般经过 3h 后，血块收缩分出血清。

采集的血液样品如不立即进行实验，应贮存于冰箱中。

3. 丙酮干粉的制备

在分离、提纯或测定某种酶的活力时，丙酮干粉法是常用的有效方法之一。将新鲜材料打成匀浆，放入布氏漏斗，按匀浆质量缓缓加入 10 倍在低温冰箱内冷却到 -20~-15℃的丙酮，迅速抽气过滤，再用 5 倍冷丙酮洗 3 次，在室温下放置 1h 左右至无丙酮气味，然后移至盛五氧化二磷的真空干燥器内干燥。丙酮干粉的制备在低温下完成，所得丙酮干粉可长期保存于低温冰箱。用这种方法能有效地抽提出细胞中的物质，还能除掉脂类物质，免除脂类干扰，而且使得某些原先难溶的酶变得溶解于水。丙酮干粉同样适用于植物和微生物样品。

（二）植物样品

采回的新鲜植株样品如果混有泥土，不应用水冲洗，可用湿布擦净，然后置空气流通处风干或烘干，烘干样品时，可把植株放入80℃烘箱中，以停止酶活动并驱除水分。注意温度不能过高，以免把植株烤焦。最好不要晒，以免灰尘污染或被风刮走。全植株样品应按根、茎、叶、种子等分开。果实必须剖开时，要用锋利的不锈钢刀，避免其中汁液流失。

为了避免糖、蛋白质、维生素等成分的损失，可采用真空干燥或冷冻真空干燥法。

风干或烘干的样品，根据其特点分别进行以下处理。

（1）种子样品的处理　一般谷物种子的平均样品可用电动样品粉碎机粉碎。事先要把机器内收拾干净，最初粉碎出的少量样品可弃去不用，然后正式粉碎，使全部样品通过一定筛孔的筛子，混合均匀，按四分法取出一定数量的样品细粉作为分析样品，储存于干燥的磨口广口瓶中，同时贴上标签，注明样品的名称、编号、采取地点、处理、采样日期及采样人姓名等。长期保存时，标签应涂石蜡，并在样品中加适当的防腐剂。

蓖麻、芝麻等油料种子应取少量样品在研钵内研碎，以免脂类损失。

（2）茎秆样品的处理　干燥后的茎秆样品也要磨碎。粉碎茎秆的粉碎机不同于种子粉碎机，其切割部分由一副排列方向相反的刀片组成。粉碎后的样品按上法保存。

（3）多汁样品的处理　一般多汁样品，如瓜果、蔬菜等，其化学成分（糖、蛋白质、维生素等）在保存时容易发生变化，往往多用新鲜样品进行各项测定。将它们的平均样品切成小块。放入电动捣碎机打成匀浆。如果样品含水量较少，可按样品质量加入适量水，然后捣碎。样品量少时可用手持匀浆器或在研钵内研磨，必要时可在研钵内加少量石英砂。如果所测物质不稳定（如某些维生素和酶等），则上述操作均应在低温下进行。样品匀浆如来不及测定，可暂存冰箱内，或灭菌后密封保存。

（三）微生物样品

由于微生物细胞具有繁殖快，种类多，培养方便等优点，因此，它已成为制备生物大分子物质的主要宿主。用培养一段时间后的微生物菌种，离心收集上清液、浓缩后即可制备胞外有效成分。若将菌体破碎后也可提取胞内有效成分。如培养液不立即使用，可放置在4℃低温保存一周左右。

（四）细胞的破碎和处理

无论是动物、植物还是微生物（病毒除外），其生命体的基本单位都是细胞。细胞除具有细胞膜、细胞质、细胞核（拟核）外（一些特化细胞如红细胞没有细胞核），还可能有线粒体、质体等细胞器。如果提取的物质主要分布在细胞内，在提取这类物质时，首先必须破碎细胞。破碎细胞的方法主要有以下几种。

1. 研磨法

将动植物组织剪碎，放入研钵中，加入一定量的缓冲液，用研杵用力挤压、研磨。为了提高研磨效果，可加少量石英砂或海砂来助研，直到把组织研成较细的浆液为止。此法作用温和，适用于植物和微生物细胞，适宜实验室操作。

2. 组织捣碎机法

该方法主要适用于破碎动物组织，作用比较剧烈。一般先把组织切碎置于捣碎机中于$8000 \sim 10000 r/min$下处理$30 \sim 60s$，即可将细胞完全破碎。但如提取酶液和核酸时，必须保持低温，并且捣碎时间不宜太长，以防有效成分变性。

3. 超声波法

超声波是指频率 > 2000Hz 的波，由于其能量集中而强度大，振动剧烈，因而可破坏细胞器。用该法处理微生物细胞较为有效。

4. 冻融法

将细胞置于低温下冰冻一段时间，然后在室温下（或 40℃ 左右）迅速融化，如此反复冻融几次，细胞可形成冰粒或在增高剩余胞液盐浓度的同时，发生溶胀、破溶。

5. 化学处理法

用脂溶性溶剂如丙酮、三氧甲烷和甲苯等处理细胞时，可把细胞膜溶解，进而破坏整个细胞。

6. 酶法

溶菌酶具有降解细胞壁的功能，利用这一性能处理微生物细胞，可将细胞破碎。

附录四 常用缓冲液的配制

1. 柠檬酸 – 柠檬酸钠缓冲液（0.1mol/L）

不同 pH 柠檬酸 – 柠檬酸钠缓冲液配制方法见附表3。

附表3 不同 pH 柠檬酸 – 柠檬酸钠缓冲液的配制方法

pH	0.1mol/L 柠檬酸/mL	0.1mol/L 柠檬酸钠/mL	pH	0.1mol/L 柠檬酸/mL	0.1mol/L 柠檬酸钠/mL
3.0	18.6	1.4	5.0	8.2	11.8
3.2	17.2	2.8	5.2	7.3	12.7
3.4	16.0	4.0	5.4	6.4	13.6
3.6	14.9	5.1	5.6	5.5	14.5
3.8	14.0	6.0	5.8	4.7	15.3
4.0	13.1	6.9	6.0	3.8	16.2
4.2	12.3	7.7	6.2	2.8	17.2
4.4	11.4	8.6	6.4	2.0	18.0
4.6	10.3	9.7	6.6	1.4	18.6
4.8	9.2	10.8			

柠檬酸 $C_6H_8O_7 \cdot H_2O$ 相对分子质量为 210.4，0.1mol/L 溶液质量浓度为 21.01g/L。

柠檬酸钠 $Na_3C_6H_8O_7 \cdot 2H_2O$ 相对分子质量为 294.12，0.1mol/L 溶液质量浓度为 29.41g/L。

2. 乙酸 – 乙酸钠缓冲液（0.2mol/L，18℃）

不同 pH 乙酸 – 乙酸钠缓冲液配制方法见附表4。

附表4 不同 pH 乙酸 – 乙酸钠缓冲液的配制方法

pH	0.2mol/L NaAc/mL	0.2mol/L HAc/mL	pH	0.2mol/L NaAc/mL	0.1mol/L HAc/mL
3.6	0.75	9.25	4.8	5.90	4.10
3.8	1.20	8.80	5.0	7.00	3.00
4.0	1.80	8.20	5.2	7.90	2.10
4.2	2.65	7.35	5.4	8.60	1.40
4.4	3.70	6.30	5.6	9.10	0.90
4.6	4.90	5.10	5.8	9.40	0.60

$NaAc \cdot 3H_2O$ 相对分子质量为 136.09，0.2mol/L 溶液质量浓度为 27.22g/L。

3. 磷酸盐缓冲液

（1）磷酸氢二钠－磷酸二氢钠缓冲液（0.2mol/L）　　不同 pH 磷酸氢二钠－磷酸二氢钠缓冲液配制剂量见附表5。

附表5　　　　　　　不同 pH 磷酸氢二钠－磷酸二氢钠缓冲液的配制方法

pH	0.2mol/L Na₂HPO₄/mL	0.2mol/L NaH₂PO₄/mL	pH	0.2mol/L Na₂HPO₄/mL	0.2mol/L NaH₂PO₄/mL
5.8	8.0	92.0	7.0	61.0	39.0
5.9	10.0	90.0	7.1	67.0	33.0
6.0	12.3	87.7	7.2	72.0	28.0
6.1	15.0	85.0	7.3	77.0	23.0
6.2	18.5	81.5	7.4	81.0	19.0
6.3	22.5	77.5	7.5	84.0	16.0
6.4	26.5	73.5	7.6	87.0	13.0
6.5	31.5	68.5	7.7	89.5	10.5
6.6	37.5	62.5	7.8	91.5	8.5
6.7	43.5	56.5	7.9	93.0	7.0
6.8	49.0	51.0	8.0	94.7	5.3
6.9	55.0	45.0			

$Na_2HPO_4 \cdot 2H_2O$ 相对分子质量为 178.05，0.2mol/L 溶液质量浓度为 35.61g/L。

$Na_2HPO_4 \cdot 12H_2O$ 相对分子质量为 358.22，0.2mol/L 溶液质量浓度为 71.63g/L。

$Na_2H_2PO_4 \cdot H_2O$ 相对分子质量为 138.01，0.2mol/L 溶液质量浓度为 27.6g/L。

$NaH_2PO_4 \cdot 2H_2O$ 相对分子质量为 156.03，0.2mol/L 溶液质量浓度为 31.21g/L。

（2）磷酸氢二钠－磷酸二氢钾缓冲液（1/15mol/L）　　不同 pH 磷酸氢二钠－磷酸二氢钾缓冲液配制方法见附表6。

附表6　　　　　　　不同 pH 磷酸氢二钠－磷酸二氢钾缓冲液的配制方法

pH	1/15mol/L Na₂HPO₄/mL	0.1mol/L KH₂PO₄/mL	pH	1/15mol/L Na₂HPO₄/mL	0.1mol/L KH₂PO₄/mL
4.92	0.10	9.90	7.17	7.00	3.00
5.29	0.50	9.50	7.38	8.00	2.00
5.91	1.00	9.00	7.73	9.00	1.00
6.24	2.00	8.00	8.04	9.50	0.50
6.47	3.00	7.00	8.34	9.75	0.25
6.64	4.00	6.00	8.67	9.90	0.10
6.81	5.00	5.00	8.18	10.0	0
6.98	6.00	4.00			

Na$_2$HPO$_4$·2H$_2$O 相对分子质量为 178.05，1/15mol/L 溶液质量浓度为 11.876g/L。

KH$_2$PO$_4$ 相对分子质量为 136.09，1/15mol/L 溶液质量浓度为 9.078g/L。

4. 巴比妥钠 - 盐酸缓冲液（18℃）

不同 pH 巴比妥钠 - 盐酸缓冲液配制方法见附表7。

附表7　　　　　　　　　　不同 pH 巴比妥钠 - 盐酸缓冲液的配制方法

pH	0.04mol/L 巴比妥钠溶液/mL	0.2mol/L 盐酸/mL	pH	0.04mol/L 巴比妥钠溶液/mL	0.2mol/L 盐酸/mL
6.8	100	18.4	8.4	100	5.21
7.0	100	17.8	8.6	100	3.82
7.2	100	16.7	8.8	100	2.52
7.4	100	15.3	9.0	100	1.65
7.6	100	13.4	9.2	100	1.13
7.8	100	11.47	9.4	100	0.70
8.0	100	9.39	9.6	100	0.35
8.2	100	7.21			

巴比妥钠相对分子质量为 206.18，0.04mol/L 溶液质量浓度为 8.25g/L。

5. Tris - 盐酸缓冲液（0.05mol/L，25℃）

50mL 0.1mol/L 三羟甲基氨基甲烷（Tris）溶液与一定量的 0.1mol/L 盐酸混匀后，加水稀释至 100mL。

不同 pH Tris - 盐酸缓冲液配制方法见附表8。

附表8　　　　　　　　　　不同 pH Tris - 盐酸缓冲液的配制方法

pH	0.1mol/L 盐酸/mL	pH	0.1mol/L 盐酸/mL
7.10	45.7	8.10	26.2
7.20	44.7	8.20	22.9
7.30	43.4	8.30	19.9
7.40	42.0	8.40	17.2
7.50	40.3	8.50	14.7
7.60	38.5	8.60	12.4
7.70	36.6	8.70	10.3
7.80	34.5	8.80	8.5
7.90	32.0	8.90	7.0
8.00	29.0		

三羟甲基氨基甲烷（Tris）相对分子质量为 121.14，结构如下，0.1mol/L 溶液质量浓度为 12.114g/L，Tris 溶液可从空气中吸取二氧化碳，使用时注意将瓶盖严。

6. 硼酸－硼砂缓冲液（0.2mol/L 硼酸根）

不同 pH 硼酸－硼砂缓冲液配制方法见附表9。

附表9　　　　　　　　　　　不同 pH 硼酸－硼砂缓冲液的配制方法

pH	0.05mol/L 硼砂/mL	0.2mol/L 硼酸/mL	pH	0.05mol/L 硼砂/mL	0.2mol/L 硼酸/mL
7.4	1.0	9.0	8.2	3.5	6.5
7.6	1.5	8.5	8.4	4.5	5.5
7.8	2.0	8.0	8.7	6.0	4.0
8.0	3.0	7.0	9.0	8.0	2.0

硼砂 $Na_2B_4O_7 \cdot H_2O$ 相对分子质量为381.43，0.05mol/L 溶液（=0.2mol/L 硼酸根）质量浓度为19.07g/L。

硼酸 H_3BO_3 相对分子质量为61.84，0.2mol/L 溶液质量浓度为12.37g/L。

硼砂易失去结晶水，必须在带塞的瓶中保存。

7. 碳酸－碳酸氢钠缓冲液（0.1mol/L）

不同 pH 碳酸－碳酸氢钠缓冲液配制方法见附表10。

附表10　　　　　　　　　　　不同 pH 碳酸－碳酸氢钠缓冲液的配制方法

pH 20℃	pH 37℃	0.1mol/L Na_2CO_3 /mL	0.1mol/L $NaHCO_3$ /mL
9.16	8.77	1	9
9.40	9.12	2	8
9.51	9.40	3	7
9.78	9.50	4	6
9.90	9.72	5	5
10.14	9.9	6	4
10.28	10.08	7	3
10.53	10.28	8	2
10.83	10.57	9	1

注：Ca^{2+}、Mg^{2+} 存在时不得使用。

$Na_2CO_3 \cdot 10H_2O$ 相对分子质量为286.2，0.1mol/L 溶液质量浓度为28.62g/L。

$NaHCO_3$ 相对分子质量为84.0，0.1mol/L 溶液质量浓度为8.40g/L。

附录五　实验室中常用参数

（一）葡聚糖凝胶

葡聚糖凝胶常用技术数据见附表11。

附表11　　葡聚糖凝胶的常用技术数据

分子筛类型	干颗粒直径/μm	相对分子质量分子级的范围		床体积（mL/g 干分子筛）	得水值	溶胀最少平衡的时间/h		柱头压力/Pa（2.5cm 直径柱）
		肽及球形蛋白质	葡聚糖（线形分子）			室温	沸水浴	
Sephadex G–10	40~120	<700	<700	2~3	1.0±0.1	3	1	
Sephadex G–15	40~120	<1500	<1500	2.5~3.5	1.5±0.2	3	1	
Sephadex G–25								
粗级	100~300（≈50~100目）							
中级	50~150（≈100~200目）	1000~5000	100~5000	4~6	2.5±0.2	6	2	
细级	20~80（≈200~400目）							
超级	10~40							
Sephadex G–50								
粗级	100~300	1500~30000	500~10000	9~11	5.0±0.3	6	2	
中级	50~150							
细级	20~80							
超级	10~40							
Sephadex G–75 超细	40~120 10~40	3000~70000	1000~50000	12~15	7.5±0.5	24	3	3.92~15.86

续表

分子筛类型	干颗粒直径 /μm	相对分子质量分子级的范围		床体积（mL/g 干分子筛）	得水值	溶胀最少平衡的时间/h		柱头压力/Pa（2.5cm 直径柱）
		肽及球形蛋白质	葡聚糖（线形分子）			室温	沸水浴	
Sephadex G-100 超细	40~120 10~40	4000~1500000	1000~150000	12~20	10.0±1.0	48	5	2.35~9.41
Sephadex G-150 超细	40~120 10~40	5000~400000	1000~150000	20~30 18~22	15±1.5	72	5	0.88~3.53
Sephadex G-200	40~120 10~14	5000~800000	1000~200000	30~40 20~25	20±2.0	72	5	0.39~1.57

（二）聚丙烯酰胺凝胶

聚丙烯酰胺凝胶的技术数据见附表12。

附表12   聚丙烯酰胺凝胶的技术数据

型号	排阻的下限（相对分子质量）	分级分离范围（相对分子质量）	膨胀后的床体积/（mL/g 干凝胶）	膨胀所需最小时间/h（室温）
Bio-gel-P-2	1600	200~2000	3.8	2~4
Bio-gel-P-4	3600	500~4000	5.8	2~4
Bio-gel-P-6	4600	1000~5000	8.8	2~4
Bio-gel-P-10	10000	5000~17000	12.4	2~4
Bio-gel-P-30	30000	20000~50000	14.9	10~12
Bio-gel-P-60	60000	30000~70000	19.0	10~12
Bio-gel-P-100	100000	40000~100000	19.0	24
Bio-gel-P-150	150000	50000~150000	24.0	24
Bio-gel-P-200	200000	80000~200000	34.0	48
Bio-gel-P-300	300000	100~400000	40.0	48

（三）琼脂糖凝胶

琼脂糖凝胶技术数据见附表13。

附表13   琼脂糖凝胶的技术数据

型号	琼脂糖含量/%（质量分数）	排阻的下限（相对分子质量）	分级分离的范围（相对分子质量）	生产厂家
Sepharose 4B	4	—	$0.3 \times 10^{6} \sim 3 \times 10^{6}$	Pharmacia
Sepharose 2B	2	—	$2 \times 10^{6} \sim 25 \times 10^{6}$	

续表

型号	琼脂糖含量/ %（质量分数）	排阻的下限 （相对分子质量）	分级分离的范围 （相对分子质量）	生产厂家
Sagavac 10	10	2.5×10^5	$1 \times 10^4 \sim 2.5 \times 10^5$	
Sagavac 8	8	7×10^5	$2.5 \times 10^4 \sim 7 \times 10^5$	
Sagavac 6	6	2×10^6	$5 \times 10^4 \sim 2 \times 10^6$	Seravac
Sagavac 4	4	15×10^6	$2 \times 10^5 \sim 15 \times 10^6$	
Sagavac 2	2	150×10^6	$5 \times 10^5 \sim 15 \times 10^7$	
Bio – gel A – 0.5M	10	0.5×10^6	$< 1 \times 10^4 \sim 0.5 \times 10^6$	
Bio – gel A – 1.5M	8	1.5×10^6	$< 1 \times 10^4 \sim 1.5 \times 10^6$	
Bio – gel A – 5M	6	5×10^6	$1 \times 10^4 \sim 5 \times 10^6$	Bio – Rad
Bio – gel A – 15M	4	15×10^6	$4 \times 10^4 \sim 15 \times 10^6$	
Bio – gel A – 50M	2	50×10^6	$1 \times 10^5 \sim 50 \times 10^6$	
Bio – gel A – 150M	1	150×10^6	$1 \times 10^6 \sim 150 \times 10^6$	

（四）不同凝胶所允许的最大操作压

不同凝胶所允许的最大操作压见附表 14。

附表 14　　　　　　　　不同凝胶所允许的最大操作压

凝胶	最大静水压/kPa	凝胶	最大静水压/kPa
Sephadex G – 10	9.8	Sephadex G – 50	9.8
Sephadex G – 15	9.8	Sephadex G – 75	4.9
Sephadex G – 25	9.8		

（五）琼脂糖凝胶浓度与线性 DNA 分辨范围

琼脂糖凝胶浓度与线性 DNA 分辨范围见附表 15。

附表 15　　　　　　琼脂糖凝胶浓度与线性 DNA 分辨范围

凝胶浓度/%	线性 DNA 长度/bp	凝胶浓度/%	线性 DNA 长度/bp
0.5	1000 ~ 300000	1.2	400 ~ 7000
0.7	800 ~ 12000	1.5	200 ~ 3000
1.0	500 ~ 10000	2.0	50 ~ 2000

（六）染料在变性聚丙烯酰胺凝胶中的迁移速度

染料在变性聚丙烯酰胺凝胶中的迁移速度见附表 16。

附表 16　　　　　　染料在变性聚丙烯酰胺凝胶中的迁移速度

凝胶浓度/%	溴酚蓝	二甲苯青（FF）	凝胶浓度/%	溴酚蓝	二甲苯青（FF）
5.0	35bp	140bp	10.0	12bp	55bp
6.0	26bp	106bp	20.0	8bp	28bp
8.0	19bp	75bp			

（七） 染料在非变性聚丙烯酰胺凝胶中的迁移速度

染料在非变性聚丙烯酰胺凝胶中的迁移速度见附表17。

附表17　　　　　　　　　染料在非变性聚丙烯酰胺凝胶中的迁移速度

凝胶/%	溴酚蓝	二甲苯青 （FF）	凝胶/%	溴酚蓝	二甲苯青 （FF）
3.5	100bp	460bp	12.0	20bp	70bp
5.0	65bp	260bp	15.0	15bp	50bp
8.0	45bp	160bp	20.0	12bp	45bp

附录六　常用酸碱指示剂

一些常用指示剂见附表18。

附表18　　　　　　　　　　　　一些常用指示剂

名称	配制方法	pH
百里酚蓝（thymol blue）（酸范围）	0.1g 溶于 10.75mL 0.02mol/L NaOH，用水稀释到 250mL	1.2~2.8 红黄
溴酚蓝（bromophenol）	0.1g 溶于 7.45mL 0.02mol/L NaOH，用水稀释到 250mL	3.0~4.6 黄蓝
甲基红（methyl red）	0.1g 溶于 18.6mL 0.02mol/L NaOH，用水稀释到 250mL	4.4~6.2 红黄
溴甲酚紫（bromocresol purple）	0.1g 溶于 9.25mL 0.02mol/L NaOH，用水稀释到 250mL	5.2~6.8 黄紫
酚红（phenol red）	0.1g 溶于 14.2mL 0.02mol/L NaOH，用水稀释到 250mL	6.8~8.0 黄红
百里酚蓝（thymol blue）（碱范围）	0.1g 溶于 10.75mL 0.02mol/L NaOH，用水稀释到 250mL	8.0~9.6 黄蓝
酚酞（phenolphthalein）	0.1g 溶于 250mL 70% 乙醇	8.2~10.0 无色红色

常用的混合指示剂见附表19。

附表19　　　　　　　　　　　　一些常用混合指示剂

指示剂溶液的组成	变色时 pH	颜色		备注
		酸色	碱色	
一份 0.1% 甲基黄乙醇溶液 一份 0.1% 次甲基蓝乙醇溶液	3.25	蓝紫	绿	pH 3.2 蓝紫色 pH 3.4 绿色
一份 0.1% 六甲氧基三苯甲醇乙醇溶液 一份 0.1% 甲基绿乙醇溶液	4.0	紫	绿	pH 4.0 蓝紫色
一份 0.1% 甲基橙水溶液 一份 0.25% 靛蓝二磺酸水溶液	4.1	紫	黄绿	
一份 0.1% 甲基橙水溶液 一份 0.1% 苯胺蓝水溶液	4.3	紫	绿	

续表

指示剂溶液的组成	变色时 pH	颜色		备注
		酸色	碱色	
一份 0.1% 溴甲酚绿钠盐水溶液 一份 0.2% 甲基橙水溶液	4.3	橙	蓝绿	pH 3.5 黄色 pH 4.05 绿色 pH 4.3 蓝绿色
三份 0.1% 溴甲酚绿乙醇溶液 一份 0.2% 甲基红乙醇溶液	5.1	酒红	绿	
一份 0.2% 甲基红乙醇溶液 一份 0.1% 亚甲基蓝乙醇溶液	5.4	红紫	绿	pH 5.2 红紫色 pH 5.4 暗蓝色 pH 5.6 暗绿色
一份 0.1% 氯酚红钠盐水溶液 一份 0.1% 苯胺蓝水溶液	5.8	绿	紫	pH 5.8 淡紫色
一份 0.1% 溴甲酚绿钠盐水溶液 一份 0.1% 氯酚红钠盐水溶液	6.1	黄绿	蓝绿	pH 5.4 蓝绿色 pH 5.8 蓝色 pH 6.0 蓝带紫 pH 6.2 蓝紫色
一份 0.1% 溴甲酚紫钠盐水溶液 一份 0.1% 溴百里酚蓝钠盐水溶液	6.7	黄	紫蓝	pH 6.2 黄紫色 pH 6.6 紫色 pH 6.8 蓝紫色
两份 0.1% 溴百里酚蓝钠盐水溶液 一份 0.1% 石蕊精水溶液	6.9	紫	蓝	
一份 0.1% 中性红乙醇溶液 一份 0.1% 次甲基蓝乙醇溶液	7.0	蓝紫	绿	pH 7.0 紫蓝
一份 0.1% 中性红乙醇溶液 一份 0.1% 溴百里酚蓝乙醇溶液	7.2	玫瑰	绿	pH 7.0 玫瑰色 pH 7.2 浅红色 pH 7.4 暗绿色
两份 0.1% 氮萘蓝乙醇 50% 溶液 一份 0.1% 酚红乙醇 50% 溶液	7.3	黄	紫	pH 7.2 橙色 pH 7.4 紫色 放置后颜色逐渐退去
一份 0.1% 溴百里酚蓝钠盐水溶液 一份 0.1% 酚红钠盐水溶液	7.5	黄	紫	pH 7.2 暗绿色 pH 7.4 淡紫色 pH 7.6 深紫色
一份 0.1% 甲酚红钠盐水溶液 三份 0.1% 百里酚蓝钠盐水溶液	8.3	黄	紫	pH 8.2 玫瑰红 pH 8.4 清晰的紫色

续表

指示剂溶液的组成	变色时 pH	颜色		备注
		酸色	碱色	
两份 0.1% 1 - 萘酚酞乙醇溶液 一份 0.1% 甲酚红乙醇溶液	8.3	浅红	紫	pH 8.2 淡紫色 pH 8.4 深紫色
一份 0.1% 1 - 萘酚酞乙醇溶液 三份 0.1% 酚酞乙醇溶液	8.9	浅红	紫	pH 8.6 浅绿色 pH 9.0 紫色
一份 0.1% 酚酞乙醇溶液 二份 0.1% 甲基绿乙醇溶液	8.9	绿	紫	pH 8.8 浅蓝色 pH 9.0 紫色
一份 0.1% 百里酚蓝 50% 乙醇溶液 三份 0.1% 酚酞 50% 乙醇溶液	9.0	黄	紫	从黄到绿，再到紫
一份 0.1% 酚酞乙醇溶液 一份 0.1% 百里酚酞乙醇溶液	9.9	无	紫	pH 9.6 玫瑰红 pH 10 紫色
一份 0.1% 酚酞乙醇溶液 一份 0.2% 尼罗蓝乙醇溶液	10.0	蓝	红	pH 10.0 紫色
两份 0.1% 百里酚酞乙醇溶液 一份 0.1% 茜素黄 R 乙醇溶液	10.2	黄	紫	
两份 0.2% 尼罗蓝水溶液 一份 0.1% 茜素黄 R 乙醇溶液	10.8	绿	红棕	

附录七　常用酸碱试剂的浓度及相对密度

常用酸碱试剂的浓度及相对密度见附表20。

附表20　　　　　　　　　　常用酸碱试剂的浓度及相对密度

试剂	相对密度	物质的量浓度/（mol/L）	质量百分浓度/%
乙酸	1.05	17.4	99.7
氨水	0.90	14.8	28.0
盐酸	1.19	11.9	36.5
硝酸	1.42	15.8	70.0
高氯酸	1.67	11.6	70.0
磷酸	1.69	14.6	85.0
硫酸	1.84	17.8	95.0

附录八　标准溶液的配制和标定

（一）0.1mo/L 氢氧化钠溶液的配制和标定

1. 0.1mol/L 标准邻苯二甲酸氢钾溶液的配制

称取在 100～125℃ 干燥的分析纯邻苯二甲酸氢钾（$KHC_8H_4O_4$，相对分子质量为 204.2）基准试剂约 10.2g（准确到 0.1mg），用水溶解后按定量分析操作全部转移到 500mL 容量瓶中并稀释到刻度。混匀，转移到干燥洁净的玻塞密闭的试剂瓶中，计算出溶液的准确（摩尔）浓度并贴好标签。

2. 0.1mol/L 氢氧化钠溶液的制备

（1）不含碳酸钠的浓氢氧化钠的制备　将 110g 分析纯氢氧化钠固体置于 300mL 锥形瓶中，加 100mL 水，不时振荡，溶解后用橡皮塞塞紧并静置数日直到碳酸钠全部沉于底部时，倾出上面清澈液备用。100mL 此不含碳酸钠的溶液约含 75g NaOH。

（2）0.1mol/L 标准氢氧化钠的制备　取以上氢氧化钠浓溶液 5.5mL，加水至 1000mL，混匀，储于具有橡皮塞的试剂瓶中。

（3）标定　准确量取 20mL 0.1mol/L 邻苯二甲酸溶液，加酚酞指示剂 3～4 滴，用约 0.1mol/L 氢氧化钠溶液滴定至微红色，记下氢氧化钠的滴定体积。重复做 3 份。

（4）计算

$$c_{NaOH} = \frac{W}{204.2 \times V}$$

式中　W——20mL 邻苯二甲酸的质量，g

V——标准氢氧化钠溶液滴定体积，mL

c_{NaOH}——标准氢氧化钠溶液准确的摩尔浓度，mol/L

（二）0.1mol/L 标准盐酸的配制和标定

吸取分析纯盐酸（约 12mol/L）8.5mL 加水至 1000mL，混匀后用 0.1mol/L 标准氢氧化钠溶液滴定，用甲基红作为指示剂。

$$c_{HCl} = \frac{c_{NaOH} V_{NaOH}}{V_{HCl}}$$

式中　c_{HCl}、c_{NaOH}——盐酸与氢氧化钠的准确摩尔浓度，mol/L

V_{HCl}、V_{NaOH}——盐酸与氢氧化钠溶液的体积，mL

（三）0.05mol/L 标准硫代硫酸钠溶液的制备和标定

称取 50g 硫代硫酸钠溶在煮沸后冷却的蒸馏水中，加煮过的蒸馏水至 2000mL。用标准 0.0167mol/L 碘酸钾溶液（0.3567g KIO_3 溶解后定容至 100mL）标定，标定时取 0.0167mol/L KIO_3 溶液 20mL 加 KI 1g 及 3mol/L H_2SO_4 5mL，用所配制的 $Na_2S_2O_3$ 溶液滴定至浅黄色后，加 10% 淀粉指示剂 3 滴，使溶液呈蓝色，继续滴定至蓝色消失。化学反应式如下，计算 $Na_2S_2O_3$ 溶液的滴定体积和准确浓度。

$$5KI + KIO_3 + 3H_2SO_4 \longrightarrow 3K_2SO_4 + 3H_2O + 3I_2$$

$$2Na_2S_2O_3 + I_2 \longrightarrow Na_2S_4O_6 + 2NaI$$

碘酸钾分子中的碘反应后，从 +5 价降到 -1 价，其化学价的变动为 6。碘酸钾的相对分子质量为 214.01，所以碘酸钾在此反应中的氧化还原相摩尔为 214.01/6 = 35.67。

$$Na_2S_2O_3\text{溶液摩尔浓度} = \frac{c_{KIO_3} \cdot V_{KIO_3}}{V_{Na_2S_2O_3}} = \frac{0.1 \times 20}{V_{Na_2S_2O_3}} = \frac{2}{V_{Na_2S_2O_3}}$$

式中　V——溶液的滴定体积，mL

　　c_{KIO_3}——KIO_3 溶液的浓度，mol/L

附录九 元素的相对原子质量

部分元素的相对原子质量见附表21。

附表21 部分元素的相对原子质量

元素	符号	相对原子质量	元素	符号	相对原子质量
银	Ag	107.868	氯	Cl	35.453
铝	Al	26.9815	钴	Co	588.9332
砷	As	74.9216	铬	Cr	51.996
金	Au	196.967	铯	Cs	132.905
硼	B	10.811	铜	Cu	63.54
钡	Ba	137.34	氟	F	18.9984
铍	Be	9.0122	铁	Fe	55.847
铋	Bi	208.980	镓	Ga	69.720
溴	Br	79.909	锗	Ge	72.59
碳	C	12.01115	氢	H	1.0079
钙	Ca	40.08	氦	He	4.0026
镉	Cd	112.40	铪	Hf	178.49
铈	Ce	140.12	汞	Hg	200.59
碘	I	126.9044	铷	Rb	85.47
铟	In	114.82	铼	Re	186.2
铱	Ir	192.2	铑	Rh	102.905
钾	K	39.102	钌	Ru	101.07
镧	La	138.91	硫	S	32.064
锂	Li	6.939	锑	Sb	121.75
镁	Mg	24.312	钪	Sc	44.956
锰	Mn	54.9381	硒	Se	78.96
钼	Mo	95.94	硅	Si	28.086
氮	N	14.0067	锡	Sn	118.69
钠	Na	22.9898	锶	Sr	87.62
铌	Nb	92.906	镤	Pa	231.0
镍	Ni	58.71	铅	Pb	207.19
氧	O	15.9994	钯	Pd	106.4
锇	Os	190.2	铂	Pt	195.09

续表

元素	符号	相对原子质量	元素	符号	相对原子质量
磷	P	30.9738	镭	Ra	226.0
钽	Ta	180.948	钒	V	50.942
碲	Te	127.60	钨	W	183.85
钍	Th	232.038	钇	Y	88.905
钛	Ti	47.90	锌	Zn	65.37
铊	Tl	204.37	锆	Zr	91.22
铀	U	238.03			

附录十 数据处理

生物化学定量分析中难免出现各种误差，因此，在工作中不仅要熟练进行分析操作，还必须善于利用统计学的方法，分析结果的正确性，检查产生误差的原因，以提高分析测试的可靠程度，为此应当对实验数据进行科学的分析处理。

（一）有效数字及其运算

有效数字是指在分析测定中实际能测量到的数据。记录数据和计算结果，都应以测定方法和所用仪器的准确程度来决定。所保留的有效数字中，只有最后一位数是可疑数字或不定数字。

例如，在千分之一分析天平上称得某药品 0.320g，就不能记为 0.32 或 0.3200g，只能记为 0.320g。0.3200g 药品，需要用万分之一分析天平称取，而 0.32g 药品用百分之一天平称取即可。10mL 移液管可读数到小数点后第二位，如 5.20mL；0.1mL 移液管则可以读到小数点后第四位，如 0.0500mL。

实验数据记录及运算的一般规则是：

（1）记录数据时，只应保留一位不定数字。

（2）在运算中去掉多余尾数后进位或弃去，应以"四舍五入"或"四舍六入五留双"为原则。

（3）运算中表示倍数或分数关系的自然数，不含不定数，看作无限有效。pH、平衡常数（$\lg k$）等对数值，其有效数字的位数仅取决于小数部分的位数。

（4）几个数相加减时，应取有效数字的位数按绝对误差最大，即小数点后位数最少的一个数据决定。例如：0.340（±0.001）+9.25（±0.01）-1.2365（±0.0001），3 个数据中 9.25 的绝对误差是 0.01，最大，故应为：0.34+9.25-1.24=8.35。

（5）几个数相乘除时，应取有效数字的位数按相对误差最大，即有效数字位数最少的一个数据决定。例如：

$$0.340\left(\frac{0.001}{0.340}\times100\% = \pm0.3\%\right)\times9.25（\pm0.1\%）\times1.2365（\pm0.008\%）$$

三个数据中 0.340 相对误差是 0.3%，最大，故应为：0.340×9.25×1.24=3.90。

在运算过程中，也可以先暂时多保留一位不定数字，得到计算结果后，再去掉多余的尾数。如上面的一个例子可为：0.340+9.25-1.236=8.354≈8.35。

（二）准确度和精密度

测得值与真实值之间的差值称为误差。测得值 > 真实值，误差为正；反之，误差为负。由于方法误差、仪器误差、试剂误差、操作误差等一些经常性的原因所引起的误差称为系统误差，由于一些偶然的外因所引起的误差称为偶然误差。系统误差可以通过校正尽可能地消除，偶然误差随机发生呈正态分布。系统误差影响分析结果的准确度，偶然误差影响分析结果的精密度。准确度和精密度共同反映测定结果的可靠性。

1. 准确度

准确度说明测定结果的准确性即测得值与真实值符合的程度，它用误差来表示。误差分为绝对误差和相对误差。

$$绝对误差 = 测得值 - 真实值$$

$$相对误差 = \frac{绝对误差}{真实值} \times 100\%$$

2. 精密度

精密度说明测定结果的再现性即几次重复测定彼此间符合的程度，它用偏差来表示。偏差也分为绝对偏差和相对偏差。

$$绝对误差 = X_i - \overline{X}$$

$$相对偏差 = \frac{绝对偏差}{\overline{X}} \times 100\%$$

式中 X_i 是第 i 次测定得到的结果，$\overline{X}$ 是 n 次测定结果的算术平均值。

$$\overline{X} = \frac{\sum_{i=1}^{n} X_i}{n}$$

$$算术平均偏差 = \frac{\sum_{i=1}^{n} |X_i - \overline{X}|}{n}$$

$$相对平均偏差 = \frac{\sum_{i=1}^{n} |X_i - \overline{X}|}{n\overline{X}} \times 100\%$$

在分析中当数据不多时，用算术平均偏差或相对平均偏差表示精密度较简便，当数据较多或分散程度较大时，用标准偏差即均方差 S 或相对标准偏差，即变异系数 CV 表示精密度则更可靠。

$$S = \sqrt{\frac{\sum_{i=1}^{n} (X_i - \overline{X})^2}{n-1}} = \sqrt{\frac{\sum_{i=1}^{n} X_i^2 - (\sum_{i=1}^{n} X_i)^2/2}{n-1}}$$

$$CV = \frac{S}{\overline{X}} \times 100\%$$

置信区间的界限可以看作依据统计分析在指定置信度 a 的偏差。

置信区间的界限

$$P = \frac{t(a, n-1)S}{\sqrt{n}}$$

置信区间

$$\overline{X} \pm P = \overline{X} \pm \frac{t(a, n-1)S}{\sqrt{n}}$$

式中 $t_{(a, n-1)}$ 值可由斯图登特 t 值表查得。

在报告分析结果时，不仅要给出算术平均值，也要给出偏差或相对偏差。

例如，用 1030 型凯氏自动定氮仪测得小麦叶片的总量 N 占干叶重的百分率为 1.51%，1.45%，1.49%，1.52%，1.58%。

$$\overline{X} = \frac{\sum_{i=1}^{5} X_i}{5} = \frac{1.51\% + 1.45\% + 1.49\% + 1.52\% + 1.58\%}{5} = 1.51\%$$

（1）用平均偏差表示

$$平均偏差 = \frac{\sum_{i=1}^{5} |X_i - 1.51|}{5} = \frac{0 + 0.06 + 0.02 + 0.01 + 0.07}{5}$$

$$= 0.03\%$$

$$相对平均偏差 = \frac{0.03}{1.51} \times 100\% = 1.99\%$$

$$N\% = (1.51 \pm 0.03)\%$$

（2）用标准偏差表示

$$S = \sqrt{\frac{\sum_{i=1}^{5} (X_i - 1.51)^2}{5 - 1}} = 0.05\%$$

$$CV = \frac{0.05}{0.51} \times 100\% = 3.31\%$$

$$N\% = (1.51 \pm 0.05)\%$$

（3）用置信区间表示　查斯图登特 t 值表，自由度 $n - 1 = 4$，我们指定 a 为 95%，则查得 $t = 2.78$。

$$P = \frac{2.78 \times 0.05}{\sqrt{5}} = 0.06\%$$

$$N\% = (1.51 \pm 0.06)\%$$

（三）一元线性回归

在多种生化仪器分析例如比色测定中，常先把欲测物质的标准含量对测得的物理量绘制成标准曲线（工作曲线），然后再根据样品测得的物理量在标准曲线上查得该物质的含量。随着多功能计算器的普遍使用，用一元线性回归法计算则更为方便省时。这样，不但能用相关系数的大小表示线性关系的程度，而且能连续运算得出最终结果，酶动力学的双倒数作图法、SDS - PAGE 测定蛋白质相对分子质量等实验，都可用一元线性回归法来计算结果。

一般用 x 表示要测的物质量，y 表示测得的物理量，一元线性回归方程为：

$$y = a + bx$$

式中 a 称为回归截距，b 称为回归系数。

$$b = \frac{\sum_{i=1}^{n} (x_i - \bar{x})(y_i - \bar{y})}{\sum_{i=1}^{n} (x_i - \bar{x})^2}$$

$$a = \bar{y} - b\bar{x}$$

式中 y_i 为制作工作曲线的各标准溶液测得的物理量，是这几个物理量的算术平均值；x_i 是 y_i 相对应的物质量，$\bar{x}$ 是这几个物质量的算数平均值。用 r 代表相关系数，表示为：

$$r = \frac{\sum_{i=1}^{n} (x_i - \bar{x})(y_i - \bar{y})}{\sqrt{\sum_{i=1}^{n} (x_i - \bar{x})^2 \sum_{i=1}^{n} (y_i - \bar{y})^2}}$$

根据样品测得的物理量 y，便可从回归方程计算出它的物质量 x：

$$x = \frac{y - a}{b}$$

例如，用 SHARP EL‑5002 型计算器对硝酸还原酶活力测定的实验数据统计回归计算如下，统计回归表见附表 22，运算过程见附表 23。

$$\text{酶活力}\ [NO_2^- - N,\ \mu g/(gFW \cdot h)] = \frac{x \cdot v}{w \cdot t} = \frac{x \cdot 10}{w \cdot 0.5} = \frac{x}{w} \cdot 20$$

$$\text{酶活力} = (89 \pm 3)\ [NO_2^- N,\ \mu g/(gFW \cdot h)]$$

附表 22　　　　　SHAPP EL‑5002 对硝酸还原酶活力测定的实验数据统计

项目	0	1	2	3	4	5	反应液1	反应液2	反应液3	反应液4
标准液浓度 x ($NO_2^- - N$, $\mu g/mL$)	0	1.0	2.0	3.0	4.0	5.0	X_1	X_2	X_3	X_4
吸光度 y	0	0.045	0.092	0.140	0.185	0.231	0.165	0.138	0.144	0.150
反应液体积 $V = 10mL$, 反应时间 $t = 0.5h$					样品重 W (g)		0.80	0.65	0.73	0.74

附表 23　　　　　　　　　　运算过程

运算操作	显示数字	备注
FCA	0.	
1.0 (xy) 0.045 DATA	1.	
2.0 (xy)	2.	
(xy)	3.	
(xy)	4.	
(xy)	5.	
FR	0.9999	相关系数
Fa	−0.0009	回归截距
Fb	0.0465	回归系数
0.165 − Fa = ÷ Fb =	3.57	X_1
÷ 0.80 × 20 =	89	酶活 1
0.138 − Fa = ÷ Fb =	2.99	X_2
÷ 0.65 × 20 =	92	酶活 2
0.144 − Fa = ÷ Fb =	3.12	X_3
÷ 0.73 × 20 =	85	酶活 3
0.150 − Fa = ÷ Fb =	3.24	X_4
÷ 0.74 × 20 =	88	酶活 4

续表

运算操作	显示数字	备注
FCA	0.	
89 DATA 92 DATA 85 DATA 88 DATA	4.	
Fx	89	平均酶活性
FSₓ	3	标准方差
÷ Fx	0. 03	变异系数

参考文献

[1]高国全,王桂云.生物化学实验[M].武汉:华中科技大学出版社,2014.

[2]王镜岩.生物化学:4版[M].北京:高等教育出版社,2017.

[3]Boyer R. F. Modern Experimental Biochemistry:3rd Ed[M]. New York:Addison Wesley Longman,2000.

[4]张峰,刘倩.生物化学实验[M].北京:中国轻工业出版社,2018.

[5]苟琳,单志.生物化学实验[M].成都:西南交通大学出版社,2015.

[6]张燕红,刘华蕭.生物化学实验[M].广州:华南理工大学出版社,2013.

[7]刘国花,胡凯.生物化学实验指导[M].北京:北京师范大学出版社,2019.

[8]苏莉.全国普通高等院校生物实验教学示范中心"十三五"规划教材生命科学实验室安全与操作规范[M].武汉:华中科技大学出版社,2018.